HISTOIRE
D'UNE FEUILLE DE PAPIER

ABBEVILLE. — IMP. BRIEZ, C. PAILLART ET RETAUX.

HISTOIRE

D'UNE

FEUILLE DE PAPIER

PAR

J. PIZZETTA

OUVRAGE ILLUSTRÉ DE 36 GRAVURES

PARIS

LIBRAIRIE D'ÉDUCATION

GÉRANT : AMABLE RIGAUD, ÉDITEUR

33, QUAI DES AUGUSTINS, 33

HISTOIRE

D'UNE FEUILLE DE PAPIER

Dans les environs d'une petite ville de l'Orne, sur un de affluents torrentueux de la Vire qui coule au pied d'un coteau rocheux et boisé, s'élèvent de vastes bâtiments blanchis à la chaux et percés d'un grand nombre de petites fenêtres, régulièrement espacées comme celles d'une caserne. Derrière ces longs bâtiments murmure la petite rivière, qui coule au pied d'un coteau dont elle les sépare, et son courant, assez rapide, fait tourner la large roue d'un moulin. Ces bâtiments sont les ateliers d'une papeterie, et tout y est en mouvement comme dans une fourmilière.

De l'autre côté du cours d'eau, sur le penchant du coteau et à moitié cachée derrière un rideau d'arbres, est la maison du maître, charmante et gaie demeure aux persiennes vertes, aux murs tapissés de rosiers grimpants. Protégée par la côte contre les vents du nord, regardant en plein soleil, elle domine et découvre, par dessus les toits de la fabrique, la jolie vallée que parcourt la Vire

C'est là que demeurait le propriétaire de la fabrique avec sa famille. Doué d'une grande intelligence et fort érudit, surtout en ce qui concernait les diverses branches de son industrie, il consacrait à l'étude les loisirs que lui laissait la direction de sa fabrique.

Cet excellent homme était un peu mon parent, et, sachant combien je lui ferais plaisir en lui fournissant l'occasion d'exercer son hospitalité, j'avais formé le projet de m'arrêter quelques jours chez lui, pendant un voyage que je faisais en Normandie, dans le double but de jouir de sa société et d'examiner à loisir sa belle bibliothèque, l'une des plus riches et des plus curieuses que j'aie jamais vues.

Il me reçut à bras ouverts; et, dès le second jour, il consentit avec grand plaisir à me faire les honneurs de sa bibliothèque et de sa collection d'antiquités.

C'était une vaste pièce carrée, recevant le jour par en haut, et dont les quatre murs étaient garnis d'armoires vitrées en vieux chêne noirci par le temps. Au-dessus de la porte d'entrée, était gravée en lettres d'or sur une plaque de marbre noir, cette inscription qui figurait, dit-on, sur la bibliothèque du roi égyptien Osymandias : *Remèdes de l'âme*. Au milieu de la salle, une large table ronde, recouverte d'un tapis vert et entourée de quelques siéges garnis en cuir, formait tout l'ameublement.

Le corps de bibliothèque, situé à droite en entrant, renfermait tout ce qui avait rapport à l'art d'écrire chez les anciens, et comprenait une riche collection de monuments rares et curieux de l'antiquité ; celui à la suite contenait les manuscrits et les livres du moyen-âge ; puis venaient les ouvrages et les monuments relatifs à l'origine de l'imprimerie ; enfin, ceux qui avaient rapport à l'industrie de la papeterie et à l'art moderne. Les autres renfermaient les chefs d'œuvre de la littérature, des sciences et des arts. C'est dans les entretiens de cet homme érudit et dans l'examen de sa riche bibliothèque, que j'ai puisé les renseignements qui m'ont permis d'écrire ce petit livre.

C'est une intéressante histoire, je vous assure, que celle du papier, cette merveilleuse substance qui a exercé une si grande influence sur les progrès de la civilisation, qui a tant contribué au bien-être de l'homme et au développement de son intelligence.

Quoi de plus curieux, en effet, que l'histoire des premiers essais pour nous conserver les traces matérielles de la pensée humaine ! Quoi de plus digne de notre attention et de notre reconnaissance, que la patience et l'abnégation de ces moines érudits des premiers siècles de notre ère, qui, par un labeur incessant, nous ont transmis les trésors de l'antiquité ! Quoi de plus digne d'intérêt que le courage et les luttes de Gutenberg et de ses premiers compagnons, pour nous assurer la conquête de cet art sublime, qui renouvela le monde, qui dissipa les ténèbres de l'ignorance et de la superstition !

Que de chefs-d'œuvre, que de belles et bonnes choses il nous a transmis !

Et, s'il est vrai de dire qu'à tout bien qui se produit en ce monde notre infirmité attache des compensations ; que toute invention humaine est une arme à double tranchant qui peut servir à de mauvais comme à de bons usages ; que le papier, en un mot, propagera de méchantes doctrines aussi facilement que des préceptes salutaires, l'on peut ajouter que la somme du bien l'emporte sur celle du mal ; car de l'échange des idées résulte le progrès.

Le papier ! on en fait des livres et des journaux, c'est-à-dire la lumière et l'obscurité, la vérité et le mensonge. On en fait des lettres de mariage et des lettres de mort, des billets de banque et des actes d'huissier. Au moyen du papier on change les mœurs, on bouleverse les empires !

Et tout cela provient de sales chiffons, de haillons abjects, ramassés la nuit parmi les immondices de la rue.

Tous ces débris sans nom ont été du linge, depuis la plus fine batiste jusqu'au torchon le plus grossier. Ceci a été une robe de bal ou un mouchoir brodé, cela un morceau de voile, un bout des cordages d'un navire. La tempête a déchiré les voiles du navire, la mode et l'usure ont fait rejeter la robe et le mouchoir, et ces débris, en passant par la hotte du chiffonnier, sont allés remplir la cuve du fabricant de papier, dont ils sortiront sous la forme de belles feuilles blanches.

C'est donc l'histoire du papier que je vais essayer de vous raconter, celle de toutes les transformations qu'il a subies, depuis la plante dont la cellulose doit se convertir un jour en pâte, jusqu'au livre dont il est la matière première ; le livre, cette expression matérielle et vivante de la pensée humaine.

Puissiez-vous, lecteur, faire bon accueil au mien !

PREMIÈRE PARTIE

DU PAPIER OU DES SUBSTANCES QUI EN TENAIENT LIEU CHEZ LES ANCIENS

CHAPITRE Ier

Origine de l'écriture.

Comme vous le pensez bien, l'écriture n'est pas sortie toute formée du cerveau de l'homme, comme Minerve toute armée du cerveau de Jupiter.

La parole a été, sans doute, pendant des siècles, le seul moyen de communication entre les individus de l'espèce humaine ; mais, avec l'état croissant de la civilisation, l'homme dut sentir le besoin de communiquer aussi avec les absents et de laisser aux générations suivantes des témoignages de son passage.

D'abord il imagina de représenter par des signes quelconques certains faits dont il voulait perpétuer, le souvenir ou transmettre

Fig. 1. — Écriture figurative.

le récit. Ce dut être une représentation, une peinture assez grossière des objets de la nature ; écriture figurative dont les tribus

Fig. 2. — Écriture symbolique.

indiennes de l'Amérique du nord nous offrent encore aujourd'hui l'exemple.

Plus tard, les nations plus ingénieuses et plus civilisées, comprenant l'imperfection d'un tel moyen, imaginèrent de nouvelles figures, qui représentaient autre chose encore que des objets et naturels permettaient de figurer d'une manière beaucoup plus abrégée des événements et des idées.

De là l'écriture symbolique et les hiéroglyphes, dont on attribue l'invention aux Egyptiens.

Fig. 3. — Hiéroglyphes.

Il est hors de doute, qu'avant l'introduction des lettres alphabétiques, toutes les nations ont fait usage de l'écriture figurative. Les Chinois à l'est, les Mexicains à l'ouest, les Egyptiens au sud, les Scandinaves au nord, ont employé cette manière d'écrire ou de peindre les événements.

Jusqu'alors, comme vous le voyez, cette peinture n'avait aucun rapport avec l'écriture actuelle. Les figures dont on se servait représentaient des objets; les caractères que nous employons représentent des sons.

Un génie heureux comprit que le discours, quelque varié, quelqu'étendu qu'il puisse être par les idées, n'est pourtant composé que d'un certain nombre de sons, et qu'il était possible de leur assigner à chacun un caractère représentatif. Il abandonna la peinture figurée des êtres vivants et des choses inanimées pour s'en tenir à la combinaison des sons.

Les caractères représentatifs des sons une fois déterminés, les progrès de l'écriture devinrent on ne peut plus rapides. Et dès que était trouvé :

> . . . . cet art ingénieux,
> De peindre la parole et de parler aux yeux,

Quel fut l'homme de génie qui, le premier, trouva l'art de représenter les sons par des caractères? C'est ce que l'histoire ne nous apprend pas.

Il est vraiment singulier de voir que, presque toujours, le nom des bienfaiteurs de l'humanité s'est perdu dans l'oubli, tandis que l'on a élevé des statues aux conquérants qui en sont le fléau.

Les anciens peuples, habitués à faire honneur aux dieux ou aux héros de l'enseignement des arts que leur avaient légués leurs ancêtres, assignèrent une origine divine à celui qui avait été comme le dépositaire et le propagateur de tous les autres. C'est ainsi que nous voyons attribuer l'invention de l'écriture par les Egyptiens à Thot, par les Scandinaves à Odin, par les Grecs à Mercure ou à Cadmus, par les Juifs à Moïse ou à Abraham.

Les Chinois et les Egyptiens paraissent être les peuples qui ont le plus anciennement fait usage de l'écriture. Suivant toute apparence, cet art fut apporté en Grèce par des colons égyptiens et phéniciens, qui vinrent s'établir dans ce pays au seizième siècle avant notre ère. De là l'alphabet se répandit en Italie.

Les nombreux savants qui ont étudié l'origine, la forme et la filiation des alphabets de presque tous les peuples, s'accordent à reconnaître que les caractères phéniciens, hébreux et samaritains étaient anciennement les mêmes ou différaient fort peu ; que ceux-ci ont donné naissance au syriaque ; que le grec est tiré du syriaque, le latin du grec, le franc et le saxon du latin, le gothique du grec et du latin, l'alphabet russe et l'esclavon du grec, de même que le copte et l'arménien. Tous les alphabets de l'Europe ont un air de famille indice d'une origine commune.

CHAPITRE II

Des substances employées primitivement pour fixer l'écriture.

Aussitôt que l'écriture fut trouvée, on dut naturellement s'occuper des moyens de la recevoir et de la conserver, et l'on rechercha les substances propres à cet usage.

Les trois règnes de la nature furent mis à contribution, et il est peu de matières assez consistantes qui n'aient été employées, au moins accidentellement.

Les plus anciens monuments écrits que l'on possède aujourd'hui ont été gravés sur pierre ou sur bois. La loi des dix Commandements, que Moïse rapporta au peuple hébreu en descendant du mont Sinaï, était gravée sur pierre, et les inscriptions de ce genre ont été très-communes dans tous les temps et dans tous les pays. Encore de nos jours, nos monuments et surtout nos cimetières abondent en textes de cette sorte.

Fig. 4. — Brique chaldéenne portant une inscription cunéiforme.

Les Chaldéens, pendant des siècles, consignèrent sur des briques leurs observations astronomiques, et la plupart des musées de l'Europe possèdent de ces briques chargées d'écriture cunéiforme.

Le bois fut également très-employé. Le musée britannique possède une inscription gravée sur une planche de sycomore, provenant du cercueil du roi égyptien Mycérinus, trouvé dans l'une des pyramides de Memphis, et qui remonterait à plus de 5,000 ans.

Les lois de Solon étaient gravées sur des planches de bois ; l'on en voyait encore quelques débris dans le Prytanée, à Athènes, vers le milieu du premier siècle de notre ère. Les terribles lois de Dracon avaient été, sans doute, aussi tracées sur cette substance ; c'est au moins ce que donne à penser cette boutade d'un poëte comique, rapportée par Plutarque : « J'en atteste les lois de Solon et de Dracon, avec lesquelles, maintenant, le peuple fait bouillir sa marmite. »

A Rome, avant l'usage des colonnes et des tables de bronze, les lois étaient gravées sur des planches de chêne, qu'on exposait dans le Forum.

Les annales des Pontifes, qui relataient jour par jour les principaux événements de l'année, s'écrivaient sur des planches de bois blanchies avec de la céruse, qui portaient le nom d'*album* (blanc). Ces annales cessèrent vers l'an 633 de Rome (120 ans avant J.-C.) ; mais l'usage de l'album se maintint longtemps encore, puisque nous trouvons dans le code Théodosien des lois publiées sur une table enduite de céruse. Par suite, et par une analogie naturelle, on donna le nom d'*album* à tout registre, soit public, soit particulier. De nos jours on désigne encore sous ce nom un cahier ou livre dont toutes les pages blanches sont destinées à recevoir ce que l'on voudra y tracer, dessin, musique, prose ou vers.

Chez les anciens, on confiait souvent aux métaux les inscriptions de quelque importance. A Rome, les fameuses lois des douze tables furent ainsi appelées parce qu'on les avait gravées sur un pareil nombre de planches d'airain. Les plaques de bronze servaient aux actes de la vie publique et à ceux de la vie privée. Nos musées possèdent un grand nombre de pièces ainsi gravées et qui nous sont parvenues presque intactes à travers les siècles ; on trouve sous cette forme des certificats de congé militaire accordés à des soldats romains, à l'expiration de leur service dans les légions, des actes de l'état civil des citoyens, etc.

Les anciens savaient comme nous, réduire le plomb en lames

très-minces, sur lesquelles on gravait avec un poinçon de fer.
Pline nous apprend que cette matière était employée pour consi-
gner les actes importants dont on voulait conserver un souvenir
durable, et l'on trouve dans le livre de Job (xix, 24) : « Que ne
puis-je graver mes discours avec un poinçon de fer sur des lames
de plomb! »

On peut dire en un mot, que, pour fixer leurs idées, les
hommes se sont servi de tout objet qui pouvait présenter une
surface lisse ou polie et, entre autres matériaux singuliers, de
tuiles et de tessons.

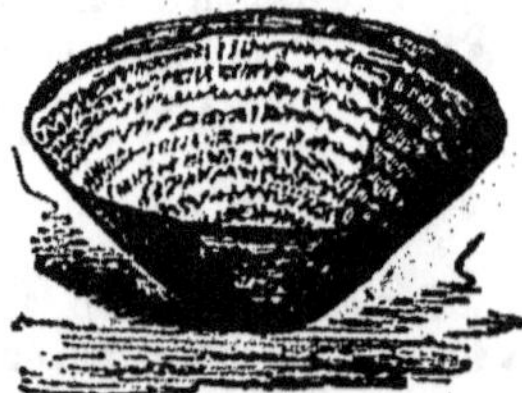

Fig. 5. — Poterie couverte d'écriture.

Les débris de poterie étaient d'un usage fort répandu chez les
Grecs et les Egyptiens; la plupart des musées de l'Europe en pos-

Fig. 6. — Débris de vase chargé d'écriture.

sèdent de nombreux spécimens. On y trouve inscrits des contrats
de vente, des actes particuliers, des lettres familières, et jusqu'à des
comptes de cuisine qui, pour le dire en passant, prouvent que
les cuisinières grecques ne respectaient pas plus l'orthographe
que celles de nos jours. Il est fort probable, d'ailleurs, que les
gens pauvres utilisaient ainsi les débris de leur vaisselle, ne pou-

vant se procurer d'autres substances, dont le prix devait être assez élevé.

Au dire de Pline, les feuilles d'arbres sont la première substance sur laquelle on ait tracé des caractères, et, de nos jours, les peuples de l'Inde et de l'Océanie écrivent encore sur des feuilles Les naturels des Maldives tracent leurs signes sur la feuille du *makarekau*, qui a un mètre de long sur trente centimètres de large; les habitants de Ceylan écrivent sur les feuilles du talipot; ceux de la côte de Malabar sur des feuilles de palmier. Lorsque les Espagnols débarquèrent dans le Nouveau-Monde, les Mexicains se servaient pour tracer leurs hiéroglyphes des membranes des feuilles épaisses de l'agave. C'était sur des feuilles d'olivier (*petala*) que les Syracusains écrivaient leurs suffrages, d'où le mot pétalisme, qui avait la même signification que l'ostracisme des Athéniens; ceux-ci traçant leur vote sur des écailles d'huîtres (*ostracon*). Tout le monde connaît le trait fameux d'Aristide, écrivant sur une coquille d'huître le vote d'ostracisme, porté contre lui par un paysan, qui ne le connaissait pas, mais qui était ennuyé de l'entendre toujours appeler le *juste*.

Pendant longtemps les Romains se servirent de tablettes d'ivoire, sur lesquelles ils écrivaient avec de l'encre noire, ou qui, enduites d'une mince couche de cire, se gravaient au moyen d'un style en métal. On avait coutume d'y inscrire tout ce qui n'était pas destiné à une longue conservation, comme les notes, les brouillons, les comptes journaliers. L'usage de ces tablettes se conserva fort longtemps; on les retrouve au moyen-âge et jusqu'au moment où le papier devint assez commun pour les remplacer avec avantage.

Les caisses des momies égyptiennes renferment fréquemment des linges couverts d'écriture, et il semble que cette substance ait été réservée aux monuments portant un caractère religieux. Les oracles sibyllins étaient aussi écrits sur des rouleaux de toile.

On se servait encore de l'écorce intérieure de certains arbres, et saint Jérôme nous apprend que la signification de livre donnée au mot latin *liber* (écorce), vient de cet usage, qui remontait à une haute antiquité.

CHAPITRE III

Le papyrus.

On comprend qu'un écrit sur pierre, sur bronze, sur plomb, ou même sur bois, n'était pas commode à transporter; qu'il ne pouvait facilement circuler de main en main, d'un pays dans un autre, et que ce n'était là, par conséquent, pour les hommes, qu'un moyen très-imparfait de communication. On chercha donc, pour fixer la pensée, un véhicule plus convenable, et l'usage d'écrire sur des feuilles, sur l'écorce de divers arbres, dut conduire sensiblement à la fabrication du papier d'Egypte ou *papyrus*.

C'est à Memphis, si l'on en croit Lucain, que reviendrait la gloire d'avoir la première su faire le papyrus; gloire dont elle se montrait à juste titre orgueilleuse. C'était, en effet, un progrès immense; aucune matière n'avait présenté jusqu'alors les avantages de ce papier solide, flexible et léger, présent de la nature, qui n'exigeait ni culture ni soins. Aussi, toutes ces qualités précieuses le rendirent-elles d'un usage presque universel chez les peuples anciens, et la civilisation en reçut la plus heureuse impulsion. C'est en réalité, grâce au papyrus, qu'a pu se multiplier sous toutes les formes, dans l'antiquité, l'expression de la pensée savante, de la poésie, des souvenirs dont se compose l'histoire.

Le papyrus est une grande et belle plante, de la famille des souchets, qui croît dans les eaux peu profondes et tranquilles de l'Egypte, de l'Abyssinie et de la Syrie. Sa racine tortueuse et de la grosseur du poignet, jette à droite et à gauche quantité de petites racines qui soutiennent la plante contre l'impétuosité du vent et l'effort des eaux. De cette racine s'élève une tige triangulaire, haute de trois à quatre mètres, qui se termine par une large ombelle d'où s'échappent, comme un ondoyant panache, un grand nombre de filaments du plus beau vert. — Cette belle plante a été récemment introduite dans les plantations d'ornement qui, depuis quelques années, embellissent les squares et les jardins publics de Paris; et bien qu'elle ne croisse pas sans difficulté sous notre climat, on a pu voir de splendides corbeilles de papyrus dans le jardin de Batignolles.

Fig. 7. — Le papyrus.

Dès la plus haute antiquité, ce végétal précieux couvrait une partie iles terres que le Nil inonde chaque année. « Le papyrus croît en si grande quantité sur les bords du Nil, dit Cassiodore, qu'on dirait une immense forêt. » C'était une des principales richesses du pays. Toutes les parties de cette plante étaient utilisées pour les besoins de la vie. On en tirait des cordes, des tissus dont on faisait des vêtements et des voiles pour les navires; on en fabriquait des corbeilles, et la racine était comestible; on la mangeait crue, bouillie ou grillée, et son utilité comme nourriture paraît avoir été assez générale, pour qu'Eschyle ait appelé les Egyptiens *mangeurs de papyrus*. Mais, par dessus tout, la pellicule renfermée sous l'écorce de cette tige triangulaire servait à fabriquer des feuilles d'un papier souple, léger, presque blanc, sur lesquelles les Egyptiens à l'aide d'un petit jonc taillé à cet effet et trempé dans l'encre, écrivaient en caractères presque aussi fins que nous le faisons aujourd'hui avec la plume sur le papier.

On ne peut assigner une date précise à l'invention du papyrus par les Egyptiens; mais le savant Champollion a trouvé des contrats sur papyrus, portant leur date, et remontant au temps de Moïse (1700 ans avant Jésus-Christ). Ces manuscrits, contemporains des Pharaons, n'ont presque rien perdu de leur fraîcheur et de leur solidité.

Voici quel était le mode de préparation de ce genre de papier: Après avoir arraché la plante du papyrus, au temps ordinaire de sa récolte, on coupait sa racine et le haut de la tige, en conservant un tronc de un à deux pieds de longueur; en général, tout ce qui avait vécu sous l'eau et y avait blanchi par l'effet de cette immersion. C'est de ce tronc qu'on enlevait successivement la première écorce et toutes les pellicules suivantes qu'on porte à dix ou douze. Ces pellicules étaient d'autant plus fines et plus blanches qu'elles étaient plus voisines du cœur de la plante et qu'elles avaient plus longtemps vécu dans l'eau. Toutes fraîches, elles étaient étirées et étendues, battues et mises en presse; on les collait ensuite bout à bout pour en former des feuilles. Il nous est parvenu des feuilles de dimensions différentes, des livres pliés à plat et de plusieurs pages, enfin, des rouleaux ayant jusqu'à vingt mètres de longueur.

Comme cette matière végétale était de sa nature très-friable, toutes les feuilles étaient doublées, et alors on avait le soin de croiser les fibres, de les coller à angle droit les unes sur les autres, de manière à imiter un tissu d'étoffe. Le poids d'une presse donnait ensuite une première préparation et abattait les aspérités; on achevait de polir la feuille avec la pierre ponce, l'agate ou l'ivoire; enfin, pour garantir le papyrus ainsi préparé de l'humidité et des insectes, on le plongeait dans l'huile de cèdre avant de s'en servir.

Les vieux rouleaux de papyrus, couverts d'écriture, servaient en Egypte pour faire des chaussures; plusieurs feuilles cousues ensemble formaient la semelle. Ces vieux souliers sont aujourd'hui autant de documents précieux pour l'archéologie et la philologie.

On ignore à quelle époque le papyrus a été introduit en Grèce et en Italie; mais ce fut à coup sûr lorsque les papetiers égyptiens avaient déjà porté très-loin la pratique de leur art. La plante était nommée par les Grecs *Biblos*, mot qui signifiait aussi livre, et par lequel on désigna plus tard la collection des Ecritures saintes, le livre par excellence, le *Livre des livres*.

Lorsque ce précieux produit se répandit d'Egypte en Grèce et en Italie, il éveilla naturellement l'esprit de concurrence et de perfectionnement. Un Athénien du nom de Phillatius, ayant inventé un encollage qui donnait au papyrus une solidité et un poli supérieurs, ses compatriotes reconnaissants lui élevèrent une statue. Les qualités de ce papier variaient d'ailleurs suivant le lieu de provenance, et Alexandrie était particulièrement renommée pour ses produits en ce genre, dont le débit s'étendait fort au loin. Cette fabrication y était si importante, que le général Marcus Firmus, s'étant emparé d'Alexandrie dans le but de se faire proclamer roi d'Egypte, saisit dans cette ville assez de papier pour solder son armée et pourvoir à toutes les dépenses de son expédition.

Il y avait dès lors du papier commun et du papier de luxe. La première qualité de papyrus se nomma d'abord *hiératique* ou *sacrée*, parce qu'elle était réservée aux besoins du culte et de l'empereur; mais la flatterie lui fit donner plus tard le nom d'*Auguste*. La seconde qualité fut nommée *Livienne*, du nom de Livie, femme d'Auguste, et la dénomination de hiératique ne s'appliqua plus dès lors qu'au papyrus de troisième qualité. Un papier plus commun s'appelait *Saïtique*, parce qu'il était fait d'un papyrus de qualité inférieure, qui croissait en abondance aux environs de Saïs, dans le Delta. Enfin, au dernier rang, figurait le papier *emporétique* ou papier marchand. Il n'était nullement propre à recevoir l'écriture et répondait à ce que nous appelons papier d'épicier; il servait, comme celui-ci, à envelopper les marchandises.

Sous le règne de l'empereur Claude on perfectionna le papyrus, auquel on donna plus de largeur et plus de force. Cette nouvelle qualité, qui prit le nom de *papier Claudien*, priva du premier rang le papier *Auguste*, beaucoup plus fin et moins résistant. Ces papiers de qualité supérieure étaient tous faits avec le papyrus fabriqué en Egypte, mais ils étaient préparés et travaillés de nouveau par les papetiers romains, qui les lavaient, les battaient et leur appliquaient un encollage particulier fait avec de la mie de pain levé, détrempée dans l'eau bouillante.

Vers l'an 450 avant notre ère, Hiéron, tyran de Syracuse, tenta de se soustraire au monopole égyptien, en se procurant à prix d'or des pieds de papyrus qu'il fit planter dans les marais

de la Sicile ; mais ces pieds restèrent toujours petits et ne donnèrent que des produits inférieurs.

L'Egypte demeura donc seule en possession du commerce du
papyrus. Par cela même, et comme toutes les denrées qui dépendent de la fécondité annuelle du sol, le papyrus était sujet à
des disettes, et non-seulement il fallait compter avec les inéga-
lités de la température, mais, plus d'une fois, les tempêtes sur la
Méditerranée détruisirent des convois destinés à l'approvisionne-
ment de la Grèce ou de l'Italie ; et comme c'était en tout temps
une substance assez coûteuse, elle montait alors à des prix excessifs. On voit par des comptes authentiques des derniers siècles
avant Jésus-Christ, que le prix d'une feuille de papyrus répondait à environ 4 ou 5 francs de notre monnaie ; c'est presque le
prix d'une rame de papier couronne de nos jours.

Il suffisait donc que la récolte de cette plante vint à manquer
une année, pour que la disette de papier se fît sentir dans toute
l'Europe, et c'est ce qui arriva plusieurs fois. Pline raconte qu'il
y en eut une si considérable sous Tibère, qu'elle causa une émeute
à Rome, et qu'il y eut autour de tous les magasins de papyrus un
si tumultueux empressement d'acheteurs, qu'il fallut recourir à
une mesure analogue à celle qui a été prise souvent aux époques
de famine. On nomma des commissaires arbitres pour répartir,
proportionnellement aux demandes, les faibles provisions de
papier dont le commerce pouvait disposer.

Tel était déjà, il y a dix-huit cents ans, le rôle important de
cette matière dans le monde civilisé

CHAPITRE IV

Le parchemin.

Bien que le papyrus égyptien fut la principale substance dont on se servit pour écrire à cette époque, on employait plusieurs autres matières, telles que de minces planchettes de bois, des tablettes d'ivoire, des peaux tannées. L'emploi de cette dernière substance remontait même à une antiquité très-reculée; car Hérodote et Diodore de Sicile parlent de ces peaux de mouton, de brebis, de veau, employées pour écrire.

L'on conserve à la bibliothèque de Bruxelles un manuscrit du Pentateuque, que l'on croit antérieur au neuvième siècle avant Jésus-Christ; il est écrit sur cinquante-sept peaux cousues ensemble et forme un rouleau d'environ trente-six mètres de longueur. Cependant, les procédés de préparation des peaux paraissent avoir été assez grossiers jusqu'au deuxième siècle avant notre ère.

A cette époque, plusieurs grandes disettes de papyrus ayant obligé le roi d'Egypte à défendre l'exportation de cette denrée hors du royaume, le roi de Pergame, Attale II, encouragea la fabrication des peaux préparées, qui se perfectionna considérablement sous son règne. Du nom de Pergame, cette substance prit celui de Pergamin dont nous avons fait parchemin.

Les procédés employés alors pour la fabrication du parchemin étaient à peu près les mêmes que ceux en usage aujourd'hui.

Ce sont les peaux de chèvre et de mouton que l'on emploie de préférence à la préparation du parchemin, et l'on réserve celles des veaux, agneaux et chevreaux mort-nés pour le vélin ou parchemin vierge. L'art du parcheminier consiste à amener ces peaux à être assez minces, presque transparentes, et en même temps assez solides pour l'usage auquel elles sont destinées.

Lorsque les peaux ont été dépilées, décharnées et en partie dégraissées, on les immerge dans une dissolution d'alun et de sel marin; puis, on les sèche le plus promptement possible en les tendant sur des cadres de bois, au moyen de chevilles, et assez fortement pour qu'elles ne présentent ni rides ni plis. Quand la peau est bien sèche, l'ouvrier, armé d'un fer tranchant, enlève toute la chair encore adhérente à sa face interne ; puis, retournant son grattoir du côté du dos, il enlève les ordures et fait écouler l'eau qui s'est accumulée sur la face externe ou l'épiderme, en prenant grand soin de ne pas l'endommager. Puis, il procède au ponçage, et, pour cela, il recouvre la peau, du côté interne seulement, d'une couche très-mince de chaux éteinte en poudre fine, et il y passe dans tous les sens une large pierre-ponce dressée. La chaux absorbe avec rapidité l'eau que retenait la peau. Après ces opérations, on laisse sécher la peau sur le chassis, puis on l'enlève pour la livrer au *ratureur*, qui lui fait subir de nouveau toutes les opérations que nous venons de décrire. Il la rend plus mince, l'égalise, lui donne un plus beau poli au moyen d'une pierre-ponce aussi douce que possible. Le parchemin est ensuite plié, rogné, mis en presse et livré au commerce.

Le *vélin* n'est que la qualité supérieure du parchemin, celui fait avec les peaux les plus fines, généralement celles d'agneau ou de veau, comme l'indique son nom ; (au moyen-âge *véel* signifiait veau, et les Anglais disent encore *veal* qui se prononce *vîl*).

On appliquait au parchemin de luxe et au vélin un apprêt particulier, composé d'eau de gomme et de blanc de céruse fin, qui lui donnait un aspect plus uni et une plus grande blancheur.

Le nouveau papier, d'une fabrication plus aisée, d'une solidité beaucoup plus grande et qui n'était pas, comme le papyrus, soumis aux variations de la fécondité du sol, fit au produit égyptien une rude concurrence. Cependant celui-ci tint bon encore longtemps, car on le trouve employé pour les diplômes des rois de France jusqu'à la fin du septième siècle. Mais, au neuvième siècle, le papyrus disparut à peu près complétement de tous les marchés de l'orient et de l'occident, par suite de l'invasion de l'Egypte par les Musulmans, peuples peu amis, surtout alors, de l'écriture et des livres. Ils détruisirent peu à peu la culture du précieux roseau qui, pendant si longtemps, avait alimenté le commerce de ce pays.

Les intestins d'animaux ont été employés quelquefois. Zonare rapporte, dans ses Annales, que la bibliothèque de Constantinople possédait les œuvres d'Homère, écrites en lettres d'or sur un intestin de serpent, qui avait cent vingt pieds de longueur.

Le parchemin était blanc, teint en jaune ou de couleur pourpre. Ce dernier était généralement réservé pour les livres sacrés ou pour l'usage de l'empereur.

On conserve à la bibliothèque royale de Suède le manuscrit original d'une traduction en langue gothique des Evangiles, due à l'évêque Uphilas, qui vivait au quatrième siècle. Ce manuscrit précieux est sur vélin de couleur pourpre, écrit en lettres d'or et d'argent.

On voit encore dans le trésor de l'église Notre-Dame, à Aix-la-Chapelle, un manuscrit latin des Evangiles, trouvé dans le tombeau de Charlemagne ; il est écrit en lettres d'or sur vélin pourpre.

A partir du septième siècle, le parchemin prit tout à fait le dessus sur le papyrus ; il domina exclusivement au moyen-âge et l'on s'en sert encore aujourd'hui pour l'expédition des actes dont on désire assurer la conservation.

CHAPITRE V

Des instruments employés pour écrire.

Après avoir fait connaître les diverses matières sur lesquelles on traçait l'écriture dans les temps anciens, il convient de parler des instruments que l'on employait à cet usage.

Les Egyptiens, les Grecs, les Romains se servirent d'abord du pinceau pour écrire. On sait que les Chinois, encore de nos jours, ne tracent pas autrement leurs innombrables caractères.

Plus tard on substitua au pinceau un petit roseau que l'on taillait comme nos plumes, et dont les Orientaux se servent encore aujourd'hui.

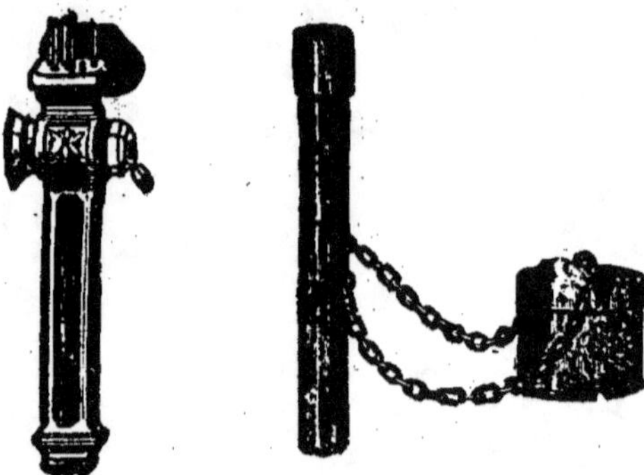

Fig. 8 et 9. — Nécessaires d'écrivain chez les anciens Egyptiens.

A l'aide de ce roseau trempé dans l'encre, les Egyptiens écrivaient sur le papyrus en caractères aussi fins que nous pourrions le faire aujourd'hui avec la plume sur les meilleurs produits de nos papeteries.

Pour graver les caractères sur les lames de plomb ou sur la cire des tablettes, on employait le style en fer ou en os. Cet instrument était pointu par un bout et aplati par l'autre en spatule pour effacer et égaliser la cire. Les styles en fer, qui pouvaient à l'occasion devenir des armes dangereuses, témoin le meurtre de César, furent proscrits à Rome par une loi.

Les plumes d'oiseaux et même les plumes métalliques, qu'on pourrait regarder comme une invention toute moderne, étaient connues des anciens. Suivant le savant Montfaucon, les patriarches de Constantinople se servaient pour écrire d'une plume d'argent.

La règle, le compas, l'encrier, le canif, le grattoir, la boîte à poudre, ces accessoires obligés du scribe, étaient employés anciennement, comme le montrent les peintures trouvées à Herculanum.

A l'aide de la règle et du compas, on traçait, comme aujourd'hui, des raies verticales pour établir des marges, puis des raies horizontales pour espacer également les lignes d'écriture entre elles. Ces raies étaient tracées avec la pointe du style; ce n'est qu'à partir du treizième siècle que l'on trouve employé le crayon.

L'encre noire était, comme de nos jours, la plus habituellement employée; c'était un composé de noir de fumée, de gomme et d'eau; au dire de Pline, un peu de vinaigre la rendait ineffaçable; et il ajoute, qu'en y faisant infuser de l'absinthe, on préservait les manuscrits des souris. Cette encre, qui a conservé sur de très-vieux manuscrits une teinte noire et brillante, a été employée jusqu'au douzième siècle, époque à laquelle elle fut remplacée par notre encre moderne, qui est un composé de sulfate de fer, de noix de galle, de gomme et d'eau.

Outre l'encre noire ordinaire, les anciens connaissaient l'encre de seiche ou sépia, et une encre indienne, qui ne différait peut-être pas de l'encre de Chine. Ils employaient aussi des encres de couleur rouge, bleue, verte et jaune. Les titres et les initiales étaient souvent tracés en encre rouge ou cinabre, et cet usage passa des manuscrits romains à ceux du Bas-Empire et du moyen âge.

L'encre et la teinture qui provenaient de la pourpre étaient exclusivement réservées aux empereurs; la fabrication et l'usage en étaient interdits aux particuliers sous les peines les plus sévères.

Les anciens connaissaient les encres d'or et d'argent, qui furent surtout en usage dans le Bas-Empire; les écrivains en or y formaient même une corporation particulière sous le nom de *Chrysographes*. La bibliothèque impériale de Paris possède plusieurs Evangiles grecs entièrement écrits en or, et le Psautier de saint Germain, évêque de Paris, écrit en lettres d'argent.

Les écrivains de l'antiquité ne s'appuyaient pas, comme nous le faisons, sur une table; les peintures d'Herculanum et de Pompéi les représentent écrivant sur leurs genoux ou sur leur main gauche, ainsi que cela se pratique encore en Orient.

CHAPITRE VI

Des formes diverses de l'écriture.

Suivant Tacite et Pline l'historien, qui pouvaient en juger par de très anciens monuments, il n'y aurait eu dans le principe aucune différence entre les lettres grecques et les lettres latines. Dans la suite, l'introduction de quelques lettres nouvelles et des modifications de formes apportées aux anciennes, amenèrent des différences assez notables pour constituer deux alphabets distincts.

Les lettres grecques ont eu cours, non-seulement en Grèce, mais en Egypte, dans l'Italie méridionale, en Espagne et dans les Gaules avant la conquête romaine. L'alphabet latin l'emporta de bonne heure dans la pratique sur l'alphabet grec. Après avoir dominé dans le vaste empire romain, il fut adopté par la plupart des peuples de l'Europe pendant le moyen-âge. Mais, chaque peuple barbare, en se l'appropriant, l'altéra à sa façon, ce qui donna naissance aux écritures appelées nationales. Le génie propre à chaque peuple, le plus ou moins de goût ou d'habileté des copistes ont fait subir au dessin des lettres des modifications innombrables.

Il y a eu plusieurs manières de disposer les lignes de l'écriture. L'une des plus anciennes consistait à tracer la première ligne de gauche à droite, la seconde en retournant de droite à gauche, la troisième de gauche à droite, et ainsi de suite. Ce genre d'écriture était nommé par les Grecs *boustrophédon* (de *bous* bœuf et *strepliein*, tourner) parce qu'ils la comparaient à là marche du bœuf attelé à la charrue, qui, après avoir tracé son premier sillon, retourne sur ses pas pour en former un autre à côté, en sens contraire, et poursuit ainsi son travail.

L'écriture de gauche à droite, telle qu'elle est en usage aujourd'hui parmi les peuples occidentaux, aurait été introduite chez les Grecs par un certain Pronapidès d'Athènes, que Diodore de Sicile prétend avoir été le précepteur d'Homère. Elle fut ensuite adoptée par les Latins

Les peuples orientaux écrivent de droite à gauche, les Chinois et les Japonais tracent les lignes de leur écriture verticalement, de haut en bas, en commençant par la droite.

On remarque de très-grandes dissemblances entre la forme de l'écriture grecque et celle des Latins, dans les anciens manuscrits et les inscriptions. Les caractères grecs sont, en général, petits, serrés et corrects, tandis que les latins sont larges, allongés, espacés et fort irréguliers.

Les scribes latins étaient inférieurs aux grecs; on ne cite en effet aucun de leurs ouvrages parmi les chefs-d'œuvre de la calligraphie antique. Cicéron rapporte avoir vu l'*Iliade* d'Homère écrite sur vélin et pouvant se renfermer dans une coquille de noix. Le savant Huet a démontré la possibilité de ce fait révoqué en doute par plusieurs auteurs modernes. Élien parle d'un homme qui après avoir écrit un distique en lettres d'or, pouvait le renfermer dans l'écorce d'un grain de blé. On sait d'ailleurs que nos calligraphes modernes ont souvent exécuté de semblables prodiges.

Avant la conquête romaine, les Gaulois se servaient, comme nous l'avons dit, des caractères grecs; ils en conservèrent quelques-uns, lorsque plus tard ils adoptèrent l'alphabet latin.

L'une des plus anciennes écritures de nos ancêtres est celle que l'on désigne sous le nom de capitale ou majuscule, employée encore aujourd'hui pour les frontispices et les titres des livres et très-fréquente dans les inscriptions lapidaires. L'écriture mérovingienne en usage sous les rois de la première race, était extrémement maigre et allongée; les caractères en ont quelquefois plus d'un pouce de hauteur et sont tellement pressés qu'on ne peut les lire qu'avec la plus grande difficulté.

Avec la seconde race s'introduisit en France l'écriture dite carlovingienne, qui ne fut que le renouvellement de la belle majuscule romaine. La minuscule carlovingienne, qui correspond au caractère romain de nos imprimeries, vint ensuite et atteignit un haut degré de perfection et d'élégance sous Charlemagne et ses successeurs.

Vers le treizième siècle, l'écriture se modifie en même temps que l'architecture; à mesure que l'aiguille gothique, les trèfles à jour et les ornements fantastiques succèdent au plein cintre romain, l'écriture gothique se distingue par le brisement des lignes, qui étaient droites ou courbes dans l'écriture des siècles précédents: elle gagne, sinon en beauté, au moins en netteté.

2

en perfection technique, jusqu'à cette époque élégante et fleurie de la Renaissance, après laquelle elle n'a plus qu'à décroître. Mais alors un événement important se prépare; l'imprimerie, cet art merveilleux, va rendre pour ainsi dire inutile le talent du calligraphe.

On voit dans des inscriptions très-anciennes chaque mot séparé du suivant par un ou deux points. Quand à la ponctuation proprement dite, on l'attribue au grammairien Aristophane de Byzance, qui vivait deux cents ans avant Jésus-Christ. Cependant, bien qu'on trouve des vestiges de ponctuation dans quelques manuscrits fort anciens, elle manque complètement dans le plus grand nombre.

La manière la plus habituelle de suppléer à la ponctuation, dans les premiers temps, était d'écrire par versets et de distinguer ainsi les divers membres du discours, saint Jérôme introduisit cette distinction par versets dans l'Ecriture sainte, pour en faciliter la lecture et l'intelligence aux fidèles. On mettait souvent au commencement de chaque verset une lettre plus grande. Quelquefois aussi on suppléait à la ponctuation par un vide ou blanc.

Les anciens employaient souvent un système d'abréviation qui consistait à représenter un mot par une ou plusieurs lettres de ce mot; ainsi A M pour *amicus*, F S pour *fratres*. On donnait à ces lettres abbréviatives le nom de *sigles*.

Suivant quelques auteurs, les sigles étaient connus des Hébreux; ils passèrent des Grecs aux Romains qui les employaient surtout dans les inscriptions. Par la suite, on les adopta même dans les actes, les lois, les décrets, et bientôt cet usage dégénéra en abus. On comprend, en effet, que les sigles pouvant s'interpréter de diverses manières, leur emploi donnât lieu à une foule d'erreurs et à des discussions interminables. Ce fut l'âge d'or des avocats, jusqu'au moment où l'empereur Justinien en défendit l'usage par une loi sévère. Ceux qui auraient osé s'en servir dans la transcription des lois de l'empire étaient assimilés aux faussaires. Néanmoins, les sigles ne cessèrent pas d'être en usage dans les inscriptions et les manuscrits ordinaires.

L'emploi de ces abréviations, surtout pour les noms propres, dans les actes et les documents de toute espèce, a causé un grand nombre d'erreurs, soit de la part des copistes, soit de la part des interprètes, et a souvent jeté une grande confusion dans l'histoire. Pour n'en citer qu'un exemple : L'ancien martyrologe de saint

Jérôme marquait au 16 février onze martyrs, compagnons de saint Pamphile, parmi lesquels figuraient cinq soldats (*V milli-bus*), dont l'abréviation *V mil.*, prise pour *V millibus*, fit, de cinq soldats martyrs, cinq mille martyrs. Les erreurs de ce genre ont été très-fréquentes et, comme on le voit, d'une certaine gravité. Nous aurons l'occasion d'y revenir en parlant des scribes et des copistes.

En France, les plus anciens manuscrits contiennent peu de signes abréviatifs; mais du dixième au treizième siècle, l'usage s'en répandit beaucoup, et ils se multiplièrent même à tel point, qu'en 1304, Philippe-le-Bel essaya de remédier à cet abus dans une ordonnance relative aux tabellions et aux notaires. Il paraît cependant que ce fut en vain; car aux quatorzième et quinzième siècles on rencontre une foule d'actes tellement remplis d'abré-viations qu'ils sont à peu près illisibles.

Les anciens employaient encore un autre genre d'écriture abrégée, comparable à notre sténographie; les Romains la dési-gnaient sous le nom de notes tironiennes, parce qu'on en attri-buait l'invention à Tiron, affranchi de Cicéron. Mais ces carac-tères abréviatifs, au moyen desquels on pouvait écrire aussi vite que la parole, ont dû être connus à une époque bien plus reculée, puisque Diogène Laerce rapporte que Xénophon s'en servit pour recueillir les discours de Socrate. Ce fut, au dire de Plutarque, Cicéron qui, le premier, en fit usage à Rome, lors des débats aux-quels la conjuration de Catilina donna lieu dans le Sénat.

Ces notes tironiennes furent d'un usage très-répandu en Occi-dent. Au quatrième siècle, on les enseignait dans les écoles pu-bliques et on les employait pour transcrire les manuscrits, ainsi que les actes publics ou privés. On écrivait de cette manière des discours et même des sermons, car saint Augustin dit que ses auditeurs recueillaient par ce moyen ce qu'il disait en chaire.

L'abus des notes tironiennes devint d'ailleurs aussi nuisible que celui des sigles, car la multiplicité des signes altérés, modifiés par l'ignorance ou le caprice des clercs et des copistes, jeta la plus grande obscurité dans les textes des actes, des chartes et des diplômes. Plus tard, les interprètes et les commentateurs au lieu de déchirer le voile énigmatique des sigles et des notes, le ren-dirent plus ténébreux encore par la liberté et la diversité de leurs interprétations. De là ces variations à l'infini que l'on trouve dans les anciens manuscrits. Aussi voyons-nous le sage Cassiodore, recommander à ses disciples d'avoir bien soin, dans l'étude et la transcription des livres saints, de ne se servir que d'exemplaires fort corrects et de n'employer ni sigles ni notes, de peur qu'on ne prît les fautes des copistes pour l'Ecriture.

La *cryptographie* ou écriture secrète a été en usage chez les anciens ; Aulu Gelle, dans ses *Nuits attiques*, nous en fournit plusieurs exemples.

« Les Lacédémoniens, dit-il, avaient un moyen de rendre les lettres adressées à leurs généraux inintelligibles à l'ennemi dans le cas où elles tomberaient entre leurs mains. Voici comment ils les écrivaient : ils avaient deux baguettes rondes

Fig. 10. — Cryptographie des Lacédémoniens.

de même grosseur et de même longueur exactement. L'une de ces baguettes était déposée dans les archives, sous la garde des magistrats. Lorsqu'on avait à écrire au général quelque chose d'important, on roulait en spirale autour de la baguette une bande assez mince et d'une longueur convenable. On avait soin qu'il n'y eut pas d'intervalle entre les divers replis de la bande. On écrivait ensuite sur cette bande, transversalement, les lignes allant d'un bout de la baguette à l'autre ; puis on la déroulait et on l'envoyait au général. Détachée et déroulée, elle n'offrait plus que des lettres tronquées ; si elle tombait entre les mains de l'ennemi, celui-ci n'y pouvait rien comprendre. Mais le général, au fait du procédé, roulait la lettre autour de sa baguette ; les caractères, en tournant, revenaient dans l'ordre où ils avaient été tracés et formaient une lettre aisée à lire. »

Voici un autre exemple d'écriture secrète rapporté par le même auteur, et qui est bien le plus singulier que l'on connaisse.

« Lorsque l'Asie était sous la domination de Darius, dit-il, Histiée de Milet qui était à la cour de ce roi et désirait annoncer secrètement à un de ses amis des nouvelles importantes, imagina cet étonnant stratagème : il avait un esclave qui souffrait des yeux depuis longtemps ; sous prétexte de le guérir, il lui rasa toute la tête et y écrivit ce qu'il voulait. Il retint l'esclave dans sa maison, jusqu'à ce que ses cheveux eussent suffisamment repoussé ; alors il l'envoya chez Aristagoras, — c'était le nom de son ami. — « Lorsque tu seras arrivé chez Aristagoras, lui dit-il, tu lui recommanderas de ma part de te raser la tête comme je l'ai fait moi-même. » L'esclave se rendit chez Aristagoras et lui transmit la recommandation de son maître. Celui-ci suivit la prescription persuadé qu'elle n'avait pas été donnée sans motif, et lut la lettre ur la tête de l'esclave. »

J'ai lu dans une histoire de Carthage, qu'un général illustre de cette république, Asdrubal peut-être, ayant à écrire un secret d'état, employa le stratagème suivant : il prit des tablettes neuves, qui n'étaient pas encore enduites de cire, il y grava dans le bois ce qu'il avait à écrire, et répandit la cire par dessus. Alors il envoya ses tablettes ou rien ne semblait écrit : celui qui les reçut était prévenu; il enleva la cire et lut la lettre sur le bois. »

Jules César et Auguste, au dire de Suétone, employèrent des procédés cryptographiques. L'on peut dire d'ailleurs, qu'il n'est guère de prince ou de ministre qui n'en ait fait usage pour sa correspondance politique.

CHAPITRE VII

Les livres des anciens étaient en forme de rouleaux, on leur donnait le nom de volumes, du mot latin *volvere*, rouler.

Pour former un volume on disposait l'écriture en colonnes perpendiculaires sur des feuilles de papyrus ou de parchemin; on les collait ensuite bout à bout, puis, on les roulait autour d'une baguette ou cylindre fixé à la dernière feuille. Ce cylindre, auquel les Latins donnaient le nom d'ombilic, parce qu'il était placé au centre du volume, comme le nombril au milieu du corps humain, était le plus souvent en bois, quelquefois en os ou en ivoire; ses extrémités étaient peintes et ornées, terminées par une boule d'ivoire, d'argent ou même d'or, dans les manuscrits de luxe.

Le volume manuscrit était ensuite renfermé dans un étui, qui laissait voir la tranche du rouleau, à laquelle on fixait généralement une bande de papyrus ou de parchemin portant le titre de l'ouvrage; d'autres fois, ce titre et le nom de l'auteur étaient gravés sur le bouton de l'ombilic. Lorsqu'un ouvrage était composé de plusieurs rouleaux, on réunissait ceux-ci en un seul faisceau dans un étui commun.

Pour préserver les volumes des piqûres des insectes ou de la dent des souris en les frottait d'huile de cèdre et on les enfermait parfois dans un étui en peau ou en parchemin, mais cela ne les empêchait pas toujours d'être rongés par les dermestes. Pline indique un moyen sûr de préserver les manuscrits et autres objets précieux des attaques des animaux destructeurs: c'est, dit-il, de les envelopper dans une peau de lion! — Serait-ce à cause du respect que devait leur inspirer le roi des animaux? — De nos jours la royauté a beaucoup perdu de son prestige, et les dermestes ne craignent pas d'attaquer même la peau du lion.

Parmi les peintures recueillies à Herculanum, quelques-unes

représentent des volumes entre les mains des personnes qui les lisent. Tous se déroulent horizontalement et de gauche à droite.

Fig. 11. — Un Romain dans sa bibliothèque.

dans le sens de leur longueur. L'écriture y est divisée en petites colonnes perpendiculaires. On déroulait ces manuscrits petit à petit, de la main droite et à mesuré qu'on avançait dans la lecture, on enroulait de nouveau avec la main gauche, dans le même sens, la partie déjà lue. Les rouleaux étaient écrits d'un seul côté.

Les volumes avaient les dimensions les plus variées ; tandis que les uns étaient à peine de la grosseur d'une petite baguette, d'autres avaient des dimensions telles, que saint Jérôme les appelle des fardeaux écrits. Parmi ceux trouvés à Herculanum, l'un renfermait cent dix colonnes d'écriture, un autre avait plus de vingt mètres de longueur.

Ce n'est que sous le règne de Tibère que l'on voit paraître les livres carrés. Le poëte Martial, dans ses épigrammes, vante la commodité de ces livres qu'il nomme *codices* : « Ils offrent, dit-il, l'avantage incontestable de pouvoir emporter en voyage, sous un mince paquet, des ouvrages qui formaient un nombre considérable de rouleaux. » Ainsi l'*Iliade* et l'*Odyssée* d'Homère, qui étaient contenues dans un seul livre carré, ne formaient pas moins de quarante-huit rouleaux ; il en était de même de l'Histoire de Tite-Live, dont le nombre des volumes (rouleaux) montait à cent quarante.

Les feuilles des livres carrés étaient écrites des deux côtés, tantôt sur toute leur largeur, tantôt sur deux ou trois colonnes, suivant leur dimension. On se servait indifféremment de papyrus ou de parchemin, et ce n'était généralement qu'après les avoir couvertes d'écriture que l'on réunissait les feuilles de manière à en faire un livre carré : on l'enveloppait ensuite dans une couverture en étoffe ou en bois, et souvent l'on y adaptait des fermoirs ou on les entourait simplement d'une lanière de peau ou d'étoffe. — Plus tard, on donna à ces livres carrés ou codices le nom de *liber* d'où vient notre mot livre.

Chez les anciens, on donnait aux livres des dimensions déterminées par la nature même des écrits ; ainsi les lettres et les poésies s'écrivaient dans un petit format, tandis que le grand format était réservé pour l'histoire. Cet usage se continua longtemps en Europe. Au moyen-âge, la plupart des livres étaient encore in-folio ou in-quarto, très-peu sous un format moindre, et il semble même que l'on jugeait d'un livre par ses dimensions ; car l'on voit Scaliger railler Drusius sur la petitesse de ses livres, et le libraire Jean Morel, au seizième siècle, se plaindre au savant Puteanus que ses livres sont trop petits pour la vente.

Les anciens écrivaient comme nous leurs lettres sur des feuilles de papyrus ou de parchemin de très-petites dimensions. La lettre terminée était roulée et entourée d'un ruban, dont les deux bouts étaient collés au papier au moyen de la cire ou d'une espèce d'argile nommée *creta*, sur laquelle on appliquait le cachet. Sur le rouleau ainsi fermé, on mettait l'adresse de celui à qui elle était adressée.

A Rome, les tablettes servaient également au commerce épistolaire. Saint Augustin, dans une de ses lettres à Romanius, se plaint de la disette du papier : « Si vous avez là-bas quelques tablettes qui m'appartiennent, lui dit-il, je vous prie de me les renvoyer, elles me seront très-utiles en pareil cas. »

Les consuls et autres dignitaires, à leur entrée en fonctions, faisaient habituellement présent à leurs amis de tablettes d'ivoire artistement travaillées, et souvent richement montées en or. Les tablettes étaient un des objets que les Romains s'envoyaient en présent pendant les saturnales, comme aujourd'hui on se donne des portefeuilles, des souvenirs. Cet usage devint si coûteux par le luxe qu'on y déployait, qu'on trouve, dans le code Théodosien, une loi qui ne permet qu'aux consuls de donner en présent des corbeilles d'or et des tablettes d'ivoire.

Les anciens connaissaient l'usage des affiches ; on les écrivait en gros caractères sur du papyrus de qualité inférieure. Quelques-unes de ces affiches sont parvenues jusqu'à nous ; on peut en voir une dans les vitrines du musée du Louvre : elle contient l'annonce d'une *récompense à qui ramènera chez leur maître deux esclaves échappés d'Alexandrie*. Ce mode de publicité tant employé de nos jours existait donc déjà à cette époque.

Mais, ce qui est bien plus singulier, c'est qu'il existait également à Rome, sous l'empire, un journal officiel, une espèce de *Moniteur*, où toutes les nouvelles importantes étaient consignées. Cette feuille quotidienne était répandue jusque dans les provinces les plus reculées de l'empire. Ce *diurnal* ou journal, écrit à plusieurs milliers d'exemplaires, relatait les faits mémorables, les discours prononcés sur la place publique ou au sénat, les promotions, les édits, les causes célèbres, les prodiges, les spectacles, les incendies, les bruits de ville, les mariages, les naissances et les funérailles. Comme on le voit, ce journal se rapprochait beaucoup des nôtres.

Ce dont on est certain, c'est que ce journal de Rome a duré plus de cinq siècles, et qu'il a formé comme un recueil de documents plus ou moins véridiques, auxquels les historiens de l'ancienne Rome ont puisé une bonne part de ce qu'ils nous apprennent sur la chute de la République, sur l'histoire politique ou privée des Césars.

Souvent le papyrus, lorsqu'il avait servi à transcrire les productions de mauvais auteurs, éprouvait le même sort que, de nos jours, le papier imprimé, en passant de la boutique du libraire dans celle de l'épicier. « Ton livre, dit Stace à Plotius, n'est bon qu'à servir d'enveloppe aux olives de Libie, au poivre d'Égypte et aux anchois de Byzance. » — « Pour que les thons ne manquent pas de toge ni les olives de manteau, dit Martial; Muse, abandonne-leur ce papyrus égyptien qui me fait perdre tant de temps. »

Les mauvais livres étaient parfois même traités d'une façon encore plus irrévérencieuse, comme nous le fait connaître l'expression de Catulle : *cacata charta*.

CHAPITRE VIII

Écrivains et copistes dans l'antiquité et le moyen-âge.

Chez les Hébreux dont toutes les études se bornaient à celle des livres saints, la profession de copiste semble avoir été confondue avec celle de commentateur. Le titre de copiste était un titre honorifique et désignait les savants interprètes des Écritures.

Chez les Romains, le soin de transcrire les manuscrits était principalement réservé aux esclaves, et ceux qui étaient bons copistes acquéraient une grande valeur. Aussi était-ce une spéculation avantageuse de faire instruire les esclaves dès l'enfance pour les revendre ensuite. Le sort de ces esclaves lettrés était naturellement beaucoup plus doux que celui des autres; on les ménageait et on tenait à eux comme à une chose de prix. C'était un luxe que se donnaient les gens riches qui voulaient faire parade de leur science. Un certain Calvisius, dont parle Sénèque, possédait onze esclaves lettrés, dont chacun lui avait coûté cent mille sesterces (25,000 francs), somme pour laquelle, dit-il, il aurait pu acquérir onze bibliothèques.

Fort souvent, ces esclaves arrivaient à gagner l'affection de leurs maîtres, qui les affranchissaient et les attachaient ainsi davantage à leur personne. Tel fut Tiron, l'inventeur des notes ironiennes, qui, esclave de Cicéron, devint l'ami et le confident du célèbre orateur.

Outre les esclaves lettrés, il y avait aussi des copistes de profession, et à Rome, ce métier était exercé principalement par des affranchis et des étrangers, la plupart grecs.

Les Latins donnaient au copiste le nom de *librarii*, libraires, faiseurs de livres : quand aux marchands de livres que nous appelons aujourd'hui libraires, ils portaient le nom de *bibliopoles*.

Les Romains avaient des ateliers où plusieurs copistes écrivaient sous la dictée d'un lecteur; on pouvait obtenir ainsi assez rapidement un certain nombre d'exemplaires d'un même ouvrage.

C'est par un semblable procédé qu'on multipliait à plusieurs milliers d'exemplaires le *Journal de l'Empire*.

Les bons copistes furent d'ailleurs rares dans l'antiquité comme au moyen-âge. Cicéron dans ses lettres se plaint que les ouvrages en langue latine, sont transcrits d'une manière si fautive, qu'il ne savait où s'adresser pour acheter ceux que lui demandait son frère.

« Lecteur, dit Martial, dans une de ses épigrammes, si, dans cet écrit, quelques phrases te paraissent barbares, ne m'en accuse pas, mais rejettes-en la faute sur le copiste, qui se hâte trop d'aligner des vers pour toi. »

Les auteurs grecs n'avaient pas moins à souffrir du manque d'intelligence ou de soin des copistes. Strabon dit que de son temps, rien n'était plus incorrect que les manuscrits qu'on vendait à Rome et à Alexandrie. Il ne faut donc pas s'étonner de l'état informe où nous sont parvenus plusieurs auteurs anciens dans lesquels on trouve des passages incompréhensibles. Chaque copiste répétant les fautes de ses devanciers et en ajoutant de nouvelles, on comprend quelle somme d'erreurs s'est trouvée accumulée de siècle en siècle, depuis l'antiquité jusqu'à l'invention de l'imprimerie. « Les bévues des copistes, dit M. Lalanne dans ses curiosités littéraires, sont comme la postérité d'Abraham, celui qui voudrait les compter calculerait plus facilement les grains de sable de la mer. »

Le manque de ponctuation ou son emploi défectueux a souvent occasionné les plus singuliers contre-sens. En voici quelques exemples : des écrivains ont prétendu qu'Aristote était juif, et cette assertion bizarre provient d'une faute de ponctuation, une version de Josèphe portant cette phrase : et *celui-ci dit, Aristote était juif*, au lieu de : et *celui-ci, dit Aristote, était juif*.

On sait que *pour un point, Martin perdit son âne*. Voici l'histoire rapportée par Cardan à ce sujet. Un abbé, nommé Martin avait ordonné qu'on écrivît en gros caractères, sur le portail de son abbaye d'Azello, le vers latin suivant : *Porta patens esto, nulli claudaris honesto*. Ce qui voulait dire : Porte sois ouverte à tous, ne sois fermée pour aucun honnête homme. Mais le scribe qui l'écrivit, soit par mégarde, soit par ignorance, au lieu de placer le point après *esto*, le mit après *nulli*; ce qui faisait un sens contraire et signifiait alors : Porte ne sois ouverte à personne et sois fermée à tout honnête homme. Le pape, passant par cette abbaye, fut choqué de ce vers latin mal ponctué, et il ôta l'abbaye à Martin, croyant que c'était sa faute, et la donna à un autre, qui s'empressa de faire changer le point de place. Le mot *Azello*, qui est le nom de l'abbaye de Martin, signifie un âne, d'où le dicton : Pour un point, Martin perdit son âne. »

Au moyen-âge, le nom de *clerc* désigna aussi les copistes, les moines et les ecclésiastiques ayant été pendant longtemps seuls en état de copier les manuscrits.

Redoutant avec raison l'altération des textes en ce qui touchait à la doctrine, les évêques et les abbés ne confiaient qu'à des hommes spéciaux, initiés aux dogmes de la religion, la copie des livres saints.

Les monastères, les métropoles, les chapitres, furent pendant près de quatorze siècles les dépositaires de presque tous les monuments écrits de l'antiquité. Les moines et les prêtres copiaient la Bible, les ouvrages des Pères de l'Eglise, les recueils des décisions, des canons, les formules des actes publics, c'était à eux qu'on recourait pour dresser les actes privés. C'était parmi les clercs que les princes prenaient leurs notaires, leurs chanceliers, car ils étaient presque les seuls qui sussent lire et écrire. Ils étaient chargés par l'Etat de l'instruction publique; ils dirigeaient les écoles et les universités.

Il n'est donc pas étonnant qu'ils aient exercé sur les esprits, sur les consciences, sur les opinions politiques et religieuses cet empire absolu que donne l'instruction sur l'ignorance, la force sur la faiblesse, la richesse sur l'indigence. Le peuple végétait alors dans un état de servitude, de grossièreté, de torpeur, il ignorait et ses droits et sa force; il ne savait que ce que l'on voulait qu'il sût.

Dans la plupart des couvents la règle ordonnait la transcription des livres. Ce travail était même considéré comme une œuvre expiatoire, surtout lorsqu'il s'agissait des livres religieux.

« Nous espérons que Dieu nous récompensera, dit Guy, prieur des Chartreux, et pour tous les hommes que ces livres auront débarrassés de l'erreur et pour tous ceux qu'ils auront affermis dans la vérité catholique. »

La légende suivante, rapportée dans les Chroniques de Normandie, prouve l'importance qu'on attachait à la transcription des livres saints :

« Un certain frère demeurait dans un monastère ; il était coupable de beaucoup d'infractions aux règles monastiques ; mais il était écrivain, il s'appliqua à l'écriture, et il copia volontairement un volume considérable de la divine loi. Après sa mort, son âme fut conduite pour être examinée devant le tribunal du Juge équitable. Comme les mauvais esprits portaient contre elle de vives accusations, et faisaient l'exposé de ses péchés innombrables, de saints Anges, de leur côté, présentaient le livre que le frère avait copié dans la maison de Dieu, et comptaient, lettre par lettre, l'énorme volume, pour les compenser par autant de péchés. Enfin une seule lettre en dépassa le nombre, et tous les efforts des démons ne purent lui opposer aucun péché. C'est pourquoi la clémence du Juge suprême pardonna au frère, ordonna à son âme de retourner à son corps, et lui accorda avec bonté le temps de corriger sa vie. »

Les clercs et les religieux du moyen-âge, et en particulier ceux de l'ordre des Bénédictins, ont rendu d'incalculables services à l'humanité : prédicateurs, ils propagèrent la parole et les préceptes de l'Évangile ; laboureurs, ils défrichèrent les intelligences comme instituteurs de la jeunesse ; copistes, ils nous ont conservé les écrits des anciens. Honneur à la mémoire de ces humbles et patients religieux, qui ont entretenu avec autant de zèle qu'il leur était donné de le faire, dans ces temps de troubles et de ténèbres, le flambeau des lettres et des sciences ; honneur à eux, qui ont sauvé du naufrage ces merveilles de l'esprit

Fig. 12. — Clerc travaillant dans le *scriptorium*, d'après un monument du treizième siècle.

et qui ont amassé avec tant de soin et de patience les trésors dont nous profitons aujourd'hui.

Les clercs étaient soumis à une règle sévère ; ils devaient travailler en silence et avec application sous la surveillance d'un bibliothécaire ; et, pour qu'ils ne fussent pas dérangés, l'abbé, le prieur et le bibliothécaire avaient seuls le droit d'entrer dans la salle de travail qui portait le nom de *scriptorium*. — On trouve dans ces instructions de l'abbé Trithème l'énumération des diverses opérations nécessaires pour faire un livre :

« Que l'un de vous taille les feuilles de parchemin ; qu'un autre les polisse ; qu'un troisième y trace les lignes qui doivent guider l'écrivain ; qu'un autre prépare les plumes et l'encre ; que l'un relise et corrige le livre que l'autre a écrit ; qu'un troisième fasse les ornements à l'encre rouge ; que celui-ci se charge de la ponctuation, cet autre des peintures ; que celui-là colle les feuilles et relie les livres avec des tablettes de bois. Vous, préparez ces tablettes, vous, apprêtez le cuir, enfin vous, les lames de métal qui doivent orner la reliure. »

Ce fragment nous fait voir en outre, que déjà à cette époque, appréciait les avantages de la division du travail.

CHAPITRE IX

La profession de libraire ne fut pas d'abord distincte de celle de copiste, et l'écrivain vendait les livres qu'il avait transcrits, comme aujourd'hui, dans nos provinces, les imprimeurs ont la plupart un magasin de librairie ; de là vient que le mot *librarius* qui désignait les copistes, les faiseurs de livres, fut ensuite appliqué à ceux qui les vendaient.

Sous le règne d'Auguste, le commerce des livres étant devenu plus important, les *Bibliopoles* ou marchands de livres devinrent distincts des libraires ou copistes. Ceux-ci livraient au premier le manuscrit terminé que le bibliopole remettait au relieur (*Bibliopegus*). Ce dernier collait les unes à la suite des autres les feuilles de papyrus ou de parchemin, fixait solidement au dernier feuillet le cylindre ou ombilic sur lequel devait s'enrouler le volume, puis il adaptait au haut du rouleau la peau ou le morceau de papyrus épais destiné à servir de couverture. Ou bien, il assemblait et collait ensemble les feuilles carrées en forme de livre et les enveloppait dans une couverture d'étoffe ou de bois garnie de fermoirs, de cuir ou de métal.

Ainsi relié, ainsi paré pour satisfaire l'esprit du lecteur ou l'œil du collectionneur — car, dans ce temps-là, comme de nos jours, certaines gens avaient des livres « moins comme un aliment de curiosité studieuse, dit Sénèque, que comme un ornement de bibliothèque. » Le livre allait prendre place dans les cases de la boutique du bibliopole.

C'est encore une épigramme de Martial qui nous décrira la boutique d'un libraire de son temps. Il dit à Lupercus qui lui demandait son livre à emprunter : « Pourquoi envoyer chercher si loin ce que tu as près de toi ? Tu habites le quartier d'Argilète et tout près de là, au forum de César, est une boutique, dont la devanture toute placardée et bigarrée de titres de livres, t'offrira au premier coup d'œil les noms de tous les poëtes. C'est là que tu peux me demander, sans même déranger Atrectus (c'est le nom du libraire).

« Pour cinq deniers (5 francs de notre monnaie) on te tirera du premier ou second rayon de la boutique un Martial bien conditionné, poli à la pierre ponce. — Tu ne vaux pas tant me diras-tu ! — Tu as raison Lupercus. »

Aulu Gelle nous apprend que ces boutiques de librairies étaient souvent le rendez-vous des gens de lettres, des oisifs et des beaux esprits du temps ; c'était là qu'on apprenait les nouvelles littéraires du jour, que l'on discutait sur des points de grammaire et de philosophie.

Les devantures de ces boutiques étaient, comme aujourd'hui, couvertes d'inscriptions et d'affiches qui indiquaient les titres et les prix des livres qu'on y vendait ou louait ; — car plusieurs passages des auteurs de l'antiquité nous font supposer que les libraires louaient les manuscrits à ceux qui voulaient les lire ou les copier. — L'intérieur des librairies était garni tout autour de casiers en bois, assez semblables à ceux que présentent de nos jours les murs d'une boutique de papiers peints ; on y rangeait les volumes ou rouleaux ; quant aux livres carrés on les empilait à plat sur des tablettes.

Outre les magasins de livres, il y avait encore à Rome des étalages sous les portiques et dans d'autres lieux publics, comme ceux que l'on voit actuellement à Paris sous les galeries de l'Odéon ou sur les quais. Les Latins appelaient ces étalages *stationes*, nom qui se perpétua jusqu'au moyen-âge.

Dès le premier siècle de notre ère, la Gaule avait des libraires et des librairies, comme on le voit par ce passage de Pline le Jeune : « Je ne croyais pas, dit-il, qu'il y eut des libraires à Lyon ; aussi en ai-je eu d'autant plus de plaisir à apprendre qu'on y vendait mes petits livres, et je me félicite de les voir jouir à l'étranger de la vogue qu'ils ont à Rome. »

Le goût des livres se répandit à Rome sous les empereurs, et le luxe des bibliothèques devint une mode contre laquelle Sénèque épanche sa bile. — « Que me font, dit-il, ces livres innombrables, dont le maître pourrait à peine lire les titres, en y consacrant toute sa vie ? La quantité accable l'esprit et ne l'instruit pas ; il vaut mieux s'attacher à un petit nombre d'auteurs que s'égarer avec des milliers... Dans ces amas de livres, je ne vois ni goût ni sollicitude ; c'est pour en faire parade qu'on rassemble ces collections. C'est ainsi que bien des gens qui n'ont pas même autant de littérature que les esclaves, ont des livres, non comme objets d'étude, mais pour en orner leurs salles à manger.... ils s'attachent aux armoires de cèdre et d'ivoire, font des collections d'auteurs inconnus ou méprisés, bâillent au milieu de cette foule de livres, et n'apprécient, dans tous ces volumes, que le dos et les titres. »

Les anciens renfermaient leurs bibliothèques dans des armoires adossées aux murs, comme elles le sont habituellement chez nous, ou bien placées au milieu des salles de façon que l'on pût tourner autour. Ces armoires étaient souvent en bois précieux, avec des ornements en ivoire et en verre. L'or et le marbre étaient employés pour décorer les salles où elles étaient placées.

On décorait parfois les bibliothèques en y plaçant les portraits et les statues des hommes célèbres. Cet usage fut établi à Rome par Asinius Pollion, qui, le premier, au dire de Pline, ouvrant une bibliothèque publique, rendit le génie des grands hommes le patrimoine des nations. — « Depuis quelque temps, dit-il, on consacre dans les bibliothèques, en or, en argent, ou du moins en airain, les bustes des grands hommes dont la voix immortelle retentit dans ces lieux. »

CHAPITRE X

Les rois de France de la première race, trouvant le papyrus en usage chez les Romains, s'empressèrent de l'adopter et l'employèrent presque exclusivement pour leurs diplômes, jusque vers la fin du septième siècle. A partir de cette époque, il tomba deplus en plus en discrédit, et c'est à peine si l'on pourrait citer une charte des Carlovingiens écrite sur papier d'Egypte.

A dater du septième siècle, les actes sont écrits sur parchemin. Quelques-uns atteignent d'énormes dimensions; ainsi le rouleau de l'enquête contre les Templiers, que l'on conserve aux archives du royaume, a environ vingt-trois mètres de longueur.

Le meilleur parchemin ou vélin se fabriquait en Orient, et les parcheminiers français n'étaient le plus souvent que des entrepositaires.

Sous le règne de Charlemagne, les lettres prirent un nouvel essor. Quoique fort illettré, comme tous les guerriers de son temps, — Eginard nous apprend que Charlemagne ne savait pas écrire, qu'il tenta en vain de l'apprendre dans un âge plus avancé, et qu'il signait à l'aide d'une lame découpée, — ce grand prince conçut, pendant ses expéditions en Italie, l'amour des sciences et des arts; il prit soin de remplir la bibliothèque de son palais de tout ce qu'il put recueillir de beaux manuscrits, et, afin d'en multiplier les exemplaires, il réunit des copistes et des enlumineurs. Il protégea les libraires, encouragea la fabrication du parchemin en France, attira des savants à sa cour, et fonda la première université à Paris.

La célébrité dont jouit bientôt cette université attira de tous les pays une affluence considérable d'écoliers, ce qui accrut énormément l'emploi et le débit du parchemin et des livres.

Le grand usage du parchemin en fit l'objet d'un commerce important; aussi, outre les boutiques ordinaires, où se débitait celte denrée, il s'établit des foires ou grands marchés pour traiter en gros de cette marchandise.

Fig. 18. — Charlemagne fondant l'Université de Paris.

C'était surtout à la *foire du Lendit*, — qui se tenait entre Paris et Saint-Denis, — que les maîtres et les écoliers faisaient leur provision. La vente y avait lieu sous le contrôle du recteur de l'université, qui percevait un droit sur tout le parchemin vendu, — privilège accordé par Charlemagne.

« Ce recteur, dit Pasquier (*Recherches sur la France*, t. IX), se rendait à l'époque de la foire au dit lieu, en parade, suivi des quatre procureurs et d'une infinité de maistres ès-arts, tous à cheval. »

Ce droit fut l'objet de nombreuses contestations entre l'abbé de Saint-Denis et le recteur de l'université ; celui-ci prétendait bénir le champ de foire, et l'abbé voulait qu'à lui seul appartint ce droit de bénédiction. D'un autre côté, l'abbé reconnaissait à l'Université le droit de prendre et de choisir le parchemin le premier jour, mais il lui contestait ce droit pour les jours suivants.

Enfin, après de nombreux conflits, la Cour du Châtelet décida qu'au recteur seul appartenait le droit d'examen sur le parchemin, et que l'abbé pouvait seul donner sa bénédiction.

Cette foire dura jusqu'au seizième siècle, époque à laquelle les troubles occasionnés par la turbulence des écoliers, pendant les fêtes du Lendit, les firent enfin défendre.

Pendant la longue période de troubles et d'invasions qui désolèrent l'Orient, les parcheminiers français furent à peu près seuls en possession de fournir du parchemin aux autres nations de l'Europe; mais, leur fabrication n'étant pas en rapport avec les besoins toujours croissants, le prix de cette denrée s'éleva peu à peu, et bientôt le parchemin se vendit à prix d'or. Dans certaines contrées de l'Europe, il devint même si rare, qu'en 1120, au dire de l'auteur anglais Timperley, le moine Martin Hughes, chargé par son couvent de Saint-Edmond's Bury de faire une copie de la *Bible*, ne put trouver dans toute l'Angleterre le vélin nécessaire à son travail.

Cette rareté du parchemin au moyen-âge suggéra une idée fatale, qui porta un coup mortel aux lettres ; ce fut de laver et de racler les anciens parchemins déjà écrits, pour les livrer de nouveau au commerce. On détruisit ainsi, par ignorance, des manuscrits précieux, et les lettres éprouvèrent des pertes irréparables. Les Dion, les Polybe, les Diodore disparurent et furent métamorphosés, la plupart, en missels, antiphonaires, homélies et autres livres d'Eglise. On donne à ces parchemins lavés et effacés le nom de *palimpsestes*. Le savant antiquaire Montfaucon assure, qu'à partir du douzième siècle, on trouva plus de palimpsestes que de manuscrits vierges. Heureusement, tous les copistes n'étaient pas également habiles à effacer les traces de ces premiers écrits; il s'en trouvait quelques-uns où l'on pouvait encore lire au moins une partie de ce qu'on avait voulu enlever, surtout après avoir ravivé ces traces au moyen de procédés chimiques.

Des savants infatigables se sont évertués de nos jours à déchiffrer ces palimpsestes, et parfois leurs efforts ont été couronnés de succès. C'est ainsi qu'on a découvert sous des actes sans valeur, des homélies, des psaumes, les traces des plus beaux génies de l'antiquité. Le savant cardinal Angelo Maï est entre autres, parvenu, par des miracles de patience et de savoir, à nous rendre des fragments très-considérables du traité de Cicéron, *De republica*, dont on déplorait la perte totale.

Les procédés que nous avons décrits comme employés à Rome pour la transcription des manuscrits, sont à peu près les mêmes qui furent mis en œuvre pendant le moyen-âge.

Dans les premiers siècles, il n'y eut pas en France, à proprement parler d'écrivains laïques; le nombre de ceux qui se livraient à l'étude était si restreint alors, que les couvents suffisaient seuls à la transcription des manuscrits.

Sous Charlemagne et ses successeurs, l'art commença à s'échapper des cloîtres, et cessa d'être le monopole exclusif des religieux. Des calligraphes, des enlumineurs laïques se formèrent sous la direction et la protection de l'Université, qui leur donna des statuts et se les adjoignit sous le titre de *clercs et libraires jurés*. C'étaient d'ailleurs des gens habiles, versés, autant qu'on pouvait l'être à cette époque, dans les lettres et les arts, et ils ne pouvaient obtenir ce titre envié qu'à la suite d'examens sévères passés devant les délégués de l'Université.

Les clercs et libraires jurés de l'Université jouissaient des mêmes privilèges, franchises et exemptions que les maîtres et écoliers; mais ils étaient soumis en même temps à un contrôle sévère. La surveillance de l'Université ne se bornait pas seulement à fixer le prix de chaque ouvrage mis en vente par le libraire, mais s'étendait jusqu'au droit d'examiner le contenu de l'ouvrage, pour en corriger les inexactitudes, et même sévir, au besoin, contre ceux qui auraient été coupables de propositions malsonnantes. C'était une véritable censure.

Il ne paraît cependant pas que cette surveillance fut très-sévère, à en juger par quelques plaintes sur la moralité des livres qui circulaient alors.

Ainsi, le chancelier de l'Université, Gerson, dans un sermon qu'il prononça contre les mauvais livres, déclare, en parlant du *Roman de la Rose*, — attribué à Jean de Meung, qui vivait vers 1300, — que, s'il possédait le dernier exemplaire de ce livre, il préférerait le brûler, lui offrit-on mille écus.

Dans les grandes fêtes où figurait l'Université, les clercs et les libraires jurés prenaient rang, ainsi que les parcheminiers, dans la procession générale avec tous les autres ordres du corps universitaire. Ils marchaient sous la bannière de Saint-Jean-Porte-Latine, patron de leur choix.

« Chaque libraire devait afficher dans un endroit apparent de sa boutique le catalogue complet de ses livres, avec le prix taxé par l'Université. »

« Il ne devait vendre ni communiquer aucun exemplaire avant de l'avoir soumis à l'examen des censeurs. »

« Il ne devait se défaire de son fonds de librairie ni l'aliéner sans autorisation. »

Si un libraire contrevenait à l'un de ces articles, il était privé de sa charge jusqu'à décision contraire de l'Université.

Vu le prix élevé des manuscrits, il se trouvait alors plus de lecteurs que d'acheteurs, plus de gens en état de dépenser de longues heures pour lire ou copier un livre, que de riches amateurs prêts à en donner le prix. Le louage était donc une des branches du commerce de la librairie, et il était même obligatoire ; un article des statuts de l'Université était ainsi conçu :

« Aucun libraire ne pourra refuser les exemplaires d'un livre à quelqu'un qui voudra le transcrire, moyennant une caution suffisante et la rétribution fixée par l'Université. »

Outre les libraires jurés, il y avait encore des espèces de courtiers en librairie ou plutôt des bouquinistes qui tenaient boutique de livres; ils vendaient aussi du parchemin, des plumes, de l'encre, et on les nommait *stationnaires* du nom *statio* que donnaient les Latins à ces sortes d'entrepôts. Le mot s'est conservé en Angleterre où *stationer* signifie papetier.

Plusieurs rues de Paris portaient encore au quinzième siècle le nom de rue des Parcheminiers ou de la Parcheminerie — dont une seule existe aujourd'hui dans le cinquième arrondissement — en raison du grand nombre de *vendoyeurs de parchemin* qui y tenaient boutique.

CHAPITRE XI

Des enlumineurs et relieurs au moyen-âge.

L'art d'illustrer les livres n'était pas inconnu des anciens. Pline nous apprend, en effet, que les médecins Métrodore et Crétevas avaient joint à leurs ouvrages le dessin des plantes qui y étaient décrites; et, suivant le même auteur, Varron aurait publié plusieurs ouvrages dans lesquels il avait inséré, à l'aide d'un moyen nouveau, les images des personnages illustres. Malheureusement, ces ouvrages ne sont pas parvenus jusqu'à nous. Mais il n'en faut pas davantage pour prouver que l'art de l'illustration a été connu des anciens, et qu'il n'est pas besoin de chercher ailleurs que dans les riches manuscrits de la Rome impériale un précédent aux précieuses enluminures des livres du moyen âge.

Les empereurs byzantins renchérirent sur ce luxe des livres qui, de Constantinople, ne tarda pas à s'introduire dans les bibliothèques des princes carlovingiens.

Les encres de couleur, l'or et l'argent étaient spécialement destinés à l'illustration des manuscrits. On s'en servait pour les lettres initiales, les premières lignes, les notes marginales, les encadrements et particulièrement pour les titres que l'on écrivait ordinairement en rouge — d'où le nom de rubriques. — Les encres rouge et bleue sont celles qui ont été le plus en faveur; dans beaucoup de manuscrits on les voit alterner d'une façon régulière au commencement des chapitres; les lettres initiales rouges sont accompagnées d'ornements bleus et les lettres bleues d'ornements rouges.

En France, les ornements et les enluminures ne se présentent guère avant le sixième siècle. A cette époque, les lettres ornées employées pour les titres des ouvrages et pour les initiales des chapitres, reçurent les formes les plus bizarres et les plus variées. Elles représentaient tantôt des personnages grotesques, tantôt des animaux, des fleurs, des plantes; elles occupaient quelquefois une page entière. En général, le calligraphe n'était pas chargé de la décoration des manuscrits; il laissait cette tâche à l'enlumineur.

Charlemagne fit venir de l'Orient et de l'Italie des enlumineurs habiles qui répandirent en France le goût de la miniature. Il reste plusieurs beaux manuscrits comme spécimens de cet art; tels sont les *Heures de Charlemagne*, que possède le Louvre, l'*Evangéliaire de saint Riquier*, à Abbeville, la *Bible de Charles-le-Chauve*. Au douzième siècle, l'enluminure s'enrichit d'un nouveau genre d'ornement, les armoiries, que les croisades venaient de mettre à la mode; et cet art parvint peu à peu à un haut degré de perfection, comme le prouvent une foule de manuscrits célèbres, entre autres la *Bible de saint Martin*, de Limoges, qui, par ses ornements délicats, atteste l'art nouveau qui va se développer. Au quatorzième siècle paraissaient les grandes œuvres restées comme des monuments célèbres de l'art à cette époque. C'est la *Cité de Dieu* de saint Augustin, chef-d'œuvre de grâce et d'ornementation; c'est la splendide Bible que possède la bibliothèque Richelieu: ce manuscrit merveilleux ne contient pas moins de cinq mille cent vingt-deux tableaux, avec toutes les capitales en or et en outremer. Des ouvrages semblables prenaient la vie d'un homme, et ce n'était pas trop pour orner, peindre et illuminer ces merveilles. Lorsqu'on ouvre ces grands livres, il semble que l'on dévoile tout à coup les éclatantes verrières des hautes cathédrales, avec leurs armées de figures, d'enroulements, d'arabesques, de fleurs, de fruits, d'étoiles, etc. On estime que cette Bible coûterait aujourd'hui à faire plus de 100,000 francs. Où trouverait-on un pareil luxe de nos jours pour les livres?

Le quinzième siècle nous offre encore de magnifiques manuscrits : La *Chronique de Charles VII*, par frère Jean Chartier, religieux de Saint-Denis; les *Heures de Charles VIII*, celles d'*Anne de Bretagne*; le *Bréviaire du bon roi Réné*; les *Anciennetés des Juifs*, merveilleusement enluminés pour le duc de Bourgogne, par le peintre du roi Louis XI; puis une foule de missels, antiphonaires, heures et offices de la Vierge : véritables chefs-d'œuvre, les plus charmans spécimens de l'art français au moyen-âge, dans sa plus pure et sa plus splendide expression.

A cette époque, le livre était chose trop précieuse pour ne point l'entourer de tous les moyens de conservation, et, comme la reliure est une des meilleures conditions de sa durée, on y apporta un soin extrême.

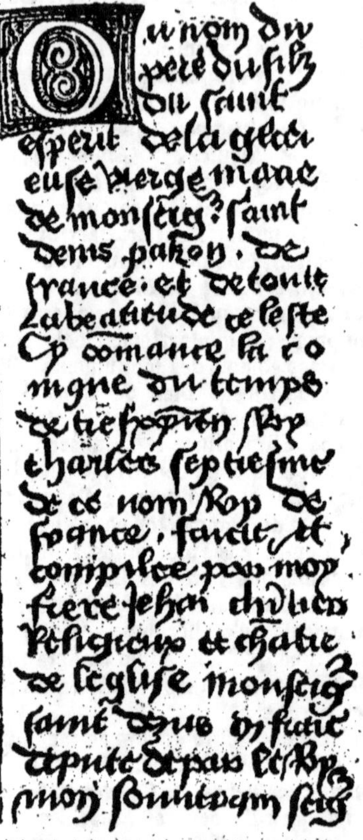

Fig. 14. — Fac-similé tiré de la *Chronique de Charles VII.*

Nous avons vu que chez les anciens les livres carrés étaient en général enveloppés dans un morceau d'étoffe ou dans un étui en bois.

Le Bas-Empire introduisit un grand luxe dans les reliures. Dès

le quatrième siècle, on voit des livres recouverts de cuir rouge,
bleu, vert ou jaune, souvent décorés d'ornements en argent et

Fig. 16. — Miniature tirée de la *Chronique de Charles VII*.

en or. Saint Jérôme s'écrie à ce sujet : « Les livres sont revêtus
d'or et de pierres précieuses, et le Christ nu meurt à la porte des
églises. »

On employa d'abord des planchettes de bois recouvertes de
riches étoffes, telles que le satin, le damas, le velours de diffé-

rentes couleurs; puis le cuir, le maroquin, garnis de clous, de plaques d'or, d'argent, de vermeil, ornés de couleurs, de devises,

Fig. 16. — Saint Marc, reliure en ivoire du quatorzième siècle

d'armoiries, etc. Les livres ainsi reliés étaient presque toujours garnis de fermoirs en métal.

Plus tard, aux quatorzième et quinzième siècles, les reliures devinrent de véritables objets d'art ; les artistes exercèrent leur talent sur les missels et autres livres d'église, qu'ils revêtirent de tablettes en bois, en ivoire, en argent, ciselées avec art et parfois même incrustées de pierres précieuses.

Tous ces magnifiques manuscrits, si éclatants de miniatures et d'ornements, attestent le goût d'alors pour les beaux-arts et les belles-lettres. Toute personne jouissant d'une grande fortune, en consacrait une partie à ce luxe inconnu de nos jours.

Ces peintures et ces reliures avaient élevé le prix des livres à un taux excessif ; les beaux manuscrits étaient si rares, si chers et si précieux du douzième au quinzième siècle, qu'ils se vendaient par contrats comme des immeubles, et qu'on les donnait en dot, en gage et en héritage.

Il est difficile, vu les variations du système monétaire, de concevoir une idée précise de la valeur des livres à cette époque ; mais, en général, on peut dire que le prix moyen d'un volume in-folio d'alors, équivalait à celui des choses qui coûteraient aujourd'hui quatre à cinq cents francs. Voici quelques exemples curieux de prix payés pour des manuscrits :

Mabillon rapporte que Grécie, comtesse d'Anjou, au onzième siècle, acheta un recueil des Homélies d'Haimon d'Alberstadt pour deux cents brebis, un muid de froment, un de seigle, un de mil et un certain nombre de peaux de martre.

W. de Howton vendit, en 1276, à l'abbé de Croxton, une Bible pour cinquante marcs d'argent. — Environ huit cent trente-trois francs de notre monnaie.

En 1400, une copie du roman de la Rose fut vendue à Paris cinquante marcs d'argent.

Les Heures que Charles VI donna à la duchesse de Bourgogne, avaient coûté six cents écus.

En 1450, le cardinal Piccolomini paya trois volumes de Plutarque, quatre-vingts écus d'or, et Léon X acheta pour cinq cents sequins les cinq premiers livres de Tacite.

On comprendra d'après cela, que la valeur des manuscrits put tenter la cupidité des voleurs ; aussi voyons-nous les propriétaires de livres employer, pour défendre leur bien, des moyens qui devaient être d'une efficacité fort douteuse. On trouve à la fin de beaucoup de manuscrits des inscriptions comminatoires comme celle-ci : « Celui qui s'emparerait de ce livre, qu'il soit excommunié et exclu de l'Eglise. » — ou bien : « Si quelqu'un dérobe ce livre par la force, par la fraude, ou de quelque autre manière, puisse son méfait causer la perdition de son âme; qu'il soit rayé du livre de vie et que son nom ne soit pas écrit parmi celui des justes. »

On sait que cette habitude s'est conservée jusqu'à nous dans les colléges. Les écoliers écrivent généralement sur leurs livres des imprécations burlesques contre ceux qui les leur voleraient ou ne les rendraient pas après les avoir pris :

> Si, tenté du démon, tu dérobes ce livre,
> Apprends que tout fripon est indigne de vivre.

ou bien encore ces vers macaroniques :

> Aspice Pierrot pendu
> Quod librum n'a pas rendu,
> Si librum reddidisset
> Pierrot pendu non fuisset,
> Etc., etc., etc.

CHAPITRE XII

La plus ancienne bibliothèque dont il est fait mention dans l'histoire est celle que le roi égyptien Osymandias avait placée dans son immense palais de Thèbes. — « Sur la porte de la bibliothèque sacrée, rapporte Diodore de Sicile, on lisait ces mots : *Remèdes de l'âme.* »

Chez les Grecs, la première bibliothèque fut formée par Pisistrate. Les Athéniens travaillèrent avec zèle à enrichir cette collection et l'augmentèrent considérablement, mais lorsque la ville fut prise par Xercès, qui la fit livrer aux flammes, tous les livres furent transportés en Perse. On cite encore les bibliothèques grecques de Polycrate, tyran de Samos et celle d'Aristote, qui, après avoir appartenu à Théophraste et à Nélée, fut achetée par Ptolémée Philadelphe.

La bibliothèque d'Alexandrie, la plus célèbre de l'antiquité, fut fondée par Ptolémée Soter, environ trois siècles avant notre ère. Cette magnifique collection fut successivement augmentée par les successeurs de Ptolémée et surtout par Evergètes II qui employait un moyen peu légitime pour en augmenter les richesses. Il faisait saisir tous les livres qui entraient dans ses états et les envoyait au musée d'Alexandrie, où des copistes attachés à cet établissement les transcrivaient; puis, il donnait ces copies aux propriétaires et gardait les originaux; il agissait de même pour les livres qu'il empruntait. Au dire d'Aulu Gelle, cette célèbre bibliothèque compta jusqu'à sept cent mille volumes.

Lorsque César se rendit maître d'Alexandrie, une partie de la bibliothèque périt dans les flammes.

La bibliothèque de Pergame, fondée par Eumène, fils d'Attale, au deuxième siècle avant notre ère, renfermait, au dire de Plutarque, deux cent mille volumes. Antoine en fit présent à la reine Cléopâtre qui la joignit à ce qui restait de la bibliothèque d'Alexandrie. Cette seconde bibliothèque d'Alexandrie, renfermée dans le temple de Sérapis, subsista jusqu'à la destruction de ce monument sous Théodose. Elle comptait alors environ cinq cents mille volumes.

Il ne faut cependant pas se laisser imposer par ces nombres de deux cents, cinq cents, sept cents mille volumes; car ces volumes ou rouleaux contenaient infiniment moins de matière que nos livres ordinaires. Chaque volume renfermait en effet, non pas un ouvrage entier, mais un seul livre d'un ouvrage. Ainsi les œuvres d'Homère ne formaient pas moins de quarante-huit rouleaux, et celles de Tite-Live en avaient cent quarante.

La littérature et les livres ne furent en honneur à Rome que fort tard. La première collection de livres un peu considérable qui se soit vue à Rome est, suivant Isidore de Séville, celle que Paul-Emile y apporta l'an 160 avant Jésus-Christ, après la défaite de Persée. Ce fut Asinius Pollion qui fonda la première bibliothèque publique à Rome; elle était placée dans un temple de la Liberté. Auguste en fonda une dans son palais même, elle prit le nom de bibliothèque palatine. La plupart des empereurs fondèrent ensuite des bibliothèques; Domitien, entre autres, fit venir de tous les côtés des livres et envoya à Alexandrie des copistes pour transcrire différents ouvrages. Mais cet indigne père de Titus n'en fit pas grand usage pour lui-même; car il passait son temps, dit-on, à percer des mouches avec un poinçon, ce qui donna occasion à V. Priscus, auquel on demandait s'il n'y avait personne avec l'empereur, de répondre : « Pas même une mouche. » Ce bon mot lui coûta la vie.

Au quatrième siècle, au dire de Publius Victor, il y avait à Rome, vingt-neuf bibliothèques publiques.

Plusieurs villes possédaient des collections de livres dues à la munificence de quelque particulier; témoin celle de Côme, fondée par Pline le Jeune, qui lui fit don, en outre, de cent mille sesterces (vingt-cinq mille francs) pour son entretien.

Au troisième siècle on adjoignit une bibliothèque à l'église de Jérusalem et, depuis cette époque, aucune église ne s'établit sans être pourvue d'une collection de livres. Malheureusement, le plus grand nombre de ces collections périt; car, dès qu'il s'élevait une persécution, le premier soin des païens était de brûler les églises et les livres des chrétiens; et ceux-ci, il faut bien l'avouer, dès que leur triomphe était assuré, usaient largement de représailles.

Au quatrième siècle, lorsque le siège de l'empire eut été transporté à Constantinople, les bibliothèques de cette ville s'enrichirent des dépouilles des autres contrées. Celle fondée par Théodose le Jeune devint bientôt célèbre par sa richesse. On y citait des manuscrits précieux, dont quelques-uns même offraient un luxe inouï ; on y voyait entre autres, dit-on, une copie des Évangiles en lettres d'or sur vélin pourpre, reliée avec des plaques d'or du poids de quinze livres et parsemées de pierreries. Des copistes et des professeurs étaient attachés à cette bibliothèque, sous les ordres d'un bibliothécaire principal, nommé œcuménique à cause de ses vastes connaissances, et ils étaient constamment occupés à copier et à collationner les manuscrits rares ou remarquables.

Ce magnifique établissement était sans égal dans le monde entier, lorsque, en 730, l'empereur Léon III l'Isaurien, n'ayant pu amener, ni par ses promesses, ni par ses menaces, le bibliothécaire œcuménique à se déclarer contre le culte des images, fit mettre le feu à la bibliothèque, et brûla tout ensemble les livres, le bibliothécaire et les professeurs. Ces persécutions iconoclastes, souvent répétées avec les mêmes rigueurs insensées, furent une des causes les plus actives de la destruction des livres, et bientôt les arts, chassés de l'Orient par l'intolérance religieuse, se réfugièrent dans les cloîtres de l'Europe chrétienne.

Le farouche Omar, l'un des plus terribles propagateurs de l'islamisme, et qui détruisit par milliers les temples et les bibliothèques, est cependant considéré à tort comme l'auteur de l'incendie de la fameuse bibliothèque d'Alexandrie, qui déjà n'existait plus à cette époque. Les détails rapportés à ce sujet doivent s'appliquer aux livres sacrés et scientifiques des Persans. Lorsque les musulmans eurent conquis les provinces de la Perse, dit Ebn-Kaldoun, auteur arabe du huitième siècle, leur chef Saad fit demander au calife Omar ce qu'il devait faire de ces livres tombés en son pouvoir. « Si ce qu'ils contiennent est conforme au livre de Dieu (le Coran), répondit Omar, ce livre les rend inutiles ; si, au contraire, ce qu'ils renferment est opposé au livre de Dieu, ils sont nuisibles. Faites les donc détruire. » En conséquence, Saad les fit livrer aux flammes ; mais on ne les employa pas, comme l'ont dit quelques auteurs, à chauffer pendant six mois les quatre mille bains qui existaient dans la ville !

A une époque, où chaque exemplaire d'un livre demandait un temps et des soins infinis, la perte d'un ouvrage ou d'un manus-

crit était à jamais déplorable, aussi vouait-on justement à l'exé-
cration la mémoire de ceux qui avaient anéanti ces productions.
de l'esprit humain.

Les bibliothèques de Carthage, celles du palais de Tibère, sous
Néron, du Capitole, sous Commode, et plusieurs non moins fameuses furent anéanties par des incendies.

Il n'est pas étonnant, après de tels faits, que la littérature ancienne nous soit parvenue dans un état aussi incomplet. Les écrits
d'une foule d'auteurs cités par d'autres, sont complétement perdus. Strabon cite deux cent vingt auteurs, Plutarque cinq cent
neuf, Clément d'Alexandrie six cents, et Athénée plus de neuf
cents. A peine cinquante de ces auteurs étaient connus au moyen-
âge, et une grande partie nous est encore inconnue aujourd'hui,
malgré les bienfaits de l'imprimerie. De Pindare, d'Eschyle, de
Sophocle, il ne nous reste que quelques morceaux; d'une foule
d'autres tels que Polybe, Tite-Live et Tacite, nous n'avons que
les œuvres mutilées. Le seul manuscrit de Tacite qui existe, a
été retrouvé dans un couvent de Westphalie, et ce manuscrit
nous a conservé à peine la moitié des écrits de ce grand historien.

Dès le cinquième siècle, il est fait mention des bibliothèques
de France, mais, à cette époque, l'Europe vit se renouveler souvent les désastres causés par les premières invasions des barbares. Les Danois et les Normands exercèrent d'affreux ravages,
pillant et brûlant les églises et les couvents, et avec eux les
bibliothèques qu'ils renfermaient.

Au neuvième siècle, partout où s'établirent des écoles, il
dut se former en même temps une bibliothèque plus ou moins.
considérable. Charlemagne avait fondé une bibliothèque au monastère de Saint-Gall, et réuni pour lui-même des livres à l'île
Barbe, près de Lyon, et à Aix-la-Chapelle, mais, par son testa-
ment, il les fit vendre au profit des pauvres. Il existait, en outre,
une bibliothèque du palais, à Paris; elle fut conservée et augmentée par ses successeurs.

Le neuvième siècle fut d'ailleurs une ère de renaissance pour
les sciences et les lettres dans toutes les parties du monde civilisé. Lorsque le fanatisme des Arabes se fut calmé, dit Gibbon,
les califes voulurent conquérir les arts plutôt que les provinces
de l'empire; les soins qu'ils se donnèrent pour acquérir des lumières, ranima l'émulation des Grecs; ceux-ci fouillèrent leurs.
livres oubliés depuis longtemps. Léon le Philosophe et Con-

stantin Porphyrogénète, son fils, firent refleurir la littérature à Byzance. Partout où les Arabes s'établirent, ils portèrent le goût des sciences et des lettres.

Au milieu du treizième siècle, saint Louis tenta de fonder une bibliothèque publique, et y rassembla tout ce qu'il put trouver de livres utiles et authentiques des saintes Écritures; mais après sa mort, cette collection fut partagée entre plusieurs couvents. Ce fut en réalité Charles V qui, le premier, songea à fonder une bibliothèque dans le but de la transmettre à ses successeurs. Ce prince fit déposer à cet effet tous les livres qu'il put réunir dans une des tours du Louvre, qui fut appelée, pour cette raison, *Tour de la Librairie*. Les livres y occupaient trois étages et y étaient rangés avec soin. Pour les conserver précieusement, Charles V voulut qu'on fermât de barreaux de fer et de vitres peintes toutes les fenêtres de sa bibliothèque; et afin que l'on y pût travailler à toute heure, l'on pendit par son ordre à la voûte trente petits chandeliers et une lampe d'argent qui étaient allumés toutes les nuits. Les lambris des murs étaient en bois d'Irlande et embellis de sculptures en bas-reliefs. D'après l'*Inventoire des livres du Roy nostre Sir, estant au chastel du Louvre*, catalogue dressé par ordre de Charles V, cette bibliothèque contenait un total de neuf cent dix volumes, nombre remarquable dans un temps où les lettres n'avaient fait encore que de médiocres progrès en France; et où, par conséquent, les livres étaient assez rares.

Après la mort de Charles VI, lorsque les Anglais étaient maîtres de Paris (1425), le duc de Bedfort se les appropria et les fit transporter en Angleterre.

La bibliothèque des rois de France ne fut reconstituée que sous Louis XI, qui fit réunir les collections éparses dans les châteaux royaux et les augmenta successivement de celles du duc de Guyenne et des ducs de Bourgogne, après la mort de Charles le Téméraire; cette dernière était l'une des plus riches de l'Europe. Charles VIII et Louis XII agrandirent cette bibliothèque aux dépens de l'Italie.

Malgré ces efforts de quelques esprits éclairés, les bibliothèques et les livres furent soumis à de rudes épreuves pendant tout le moyen-âge. Au onzième siècle, la bibliothèque des califes d'Égypte fut pillée et brûlée par les Turcs; elle renfermait, dit-on, plus d'un million de volumes. Dans les siècles suivants, les querelles religieuses et les guerres civiles ne furent pas moins funestes aux bibliothèques. De tout temps, on a fait la guerre aux livres et aux sciences comme aux hommes. Les païens ont brûlé les livres des chrétiens, des juifs et des philosophes; les juifs ont brûlé les livres des chrétiens et des païens, et les chrétiens ont brûlé les livres des païens et des juifs. Plus tard, les catholiques brûlèrent les livres des protestants, et ceux-ci livrèrent aux flammes ceux des catholiques. Le cardinal Ximenès, à la prise de Grenade, fit jeter au feu, pour le plus grand bien de la religion, tous les livres musulmans et une foule de manuscrits arabes. Les puritains, en Angleterre, brûlèrent une infinité de monastères et d'églises, et Cromwell, le protecteur, fit brûler la bibliothèque d'Oxford, qui était une des plus riches de l'Europe.

Enfin, pour clore cette triste liste d'auto-da-fé, nous citerons au seizième siècle l'anéantissement des archives du Nouveau-Monde.

« Comme la mémoire des événements, dit Robertson, était conservée parmi les Mexicains au moyen de figures peintes sur des peaux, sur des étoffes et sur des écorces d'arbres, les premiers missionnaires, incapables de comprendre la signification de ces figures, et frappés de leurs formes bizarres, les regardèrent comme des monuments d'idolâtrie qu'il fallait détruire pour faciliter la conversion des Indiens; et toutes ces archives de l'histoire du Mexique furent rassemblées et livrées aux flammes. » La perte de ces monuments littéraires et historiques est d'autant plus regrettable, qu'avec eux est disparu l'espoir d'avoir des renseignements positifs sur la langue et l'histoire des anciens peuples de ces contrées.

Il était temps que l'invention de l'imprimerie vint remédier à tous ces fléaux et sauver du néant ces gloires de la pensée, ces monuments de l'esprit humain!

CHAPITRE XIII

Depuis longtemps déjà le papier de coton avait détrôné le papyrus en Orient, lorsqu'il fit son apparition en Europe, vers la fin du huitième siècle; mais ce ne fut que plusieurs siècles après qu'il commença à remplacer le parchemin dans le commerce.

La substitution du papier au parchemin fut pour la civilisation un événement fécond en heureux résultats, puisqu'il mettait désormais à la portée de tous un produit précieux qui, jusqu'alors, n'avait été accessible qu'à un petit nombre.

Les Chinois connaissaient l'art de fabriquer le papier de pâte plusieurs siècles avant notre ère, et l'on sait qu'ils employaient diverses substances dont les principales étaient les fibres du bambou et du mûrier et la bourre de soie.

L'usage de ces papiers passa des contrées orientales de l'Asie en Perse, et fut adopté par les Arabes, lorsque ceux-ci s'emparèrent de ce pays en 652. Seulement, les Arabes substituèrent au bambou et à la soie le coton, plus commun dans leur pays; et ce nouveau produit se répandit dans tout l'Orient, puis dans tout le midi de l'Italie, sous le nom de *charta bambycina*, qui désignait d'abord le papier de bambou ou de soie. Il prit ensuite celui de *charta damascena* ou papier de Damas, parce que dans cette ville existait une manufacture célèbre de ce produit.

Ce papier était fait avec du coton pilé et réduit en pâte qui, étendue sur un châssis, s'égouttait et donnait des feuilles d'un papier solide, capable de soutenir la plume et propre à former un livre.

Les Arabes, qui, depuis longtemps, avaient naturalisé le cotonnier dans le nord de l'Afrique, tentèrent d'en introduire l culture en Espagne vers l'an 760, et avec lui la fabrication d papier de coton.

Ce papier de coton se répandit dans les autres contrées de l'Europe, et l'on en fit usage jusqu'à ce que les Espagnols, reconnaissant qu'ils pouvaient se servir du lin, fort commun dans le royaume de Valence, imaginèrent de l'employer ainsi que des chiffons de linge pour fabriquer le papier, au lieu du coton dont la culture réussissait difficilement chez eux, et qu'ils étaient obligés de tirer des pays étrangers.

Le royaume de Valence est la première contrée d'Europe où l'on ait fait du papier de chiffons, et il semble avoir longtemps conservé une certaine supériorité dans cette industrie. Un auteur Arabe, Edrisi, qui vivait vers le milieu du douzième siècle, dit qu'à Xativa (aujourd'hui San-Felipe), non loin de Valence, on produit du papier si beau qu'on ne trouverait pas le pareil dans tout l'univers.

Ce papier de chiffons de fil offrait, en effet, de grands avantages sur celui de coton, comme solidité et durée, avantages incontestables qu'il possède encore aujourd'hui.

Ce n'est qu'au treizième siècle que le papier de lin ou de chiffon commença à se répandre en France. Selon certaines traditions, les premières manufactures furent établies en France sous saint Louis, au temps des croisades, par trois habitants de l'Auvergne qui, pendant une longue captivité, apprirent les procédés employés par les Arabes pour faire le papier, et les rapportèrent dans leur pays natal. On va même jusqu'à citer leurs noms : ils s'appelaient Montgolfier, Malmenaide et Falguerolles, noms célèbres dans l'industrie de la papeterie ; mais on ne sait rien de positif à cet égard.

On connaît divers manuscrits sur papier du douzième siècle, entre autres, un traité de paix conclu en 1178, entre Alphonse II d'Aragon et Alphonse IX de Castille, qui existe dans les archives de Barcelone. Le plus ancien manuscrit français sur papier de chiffes que l'on connaisse aujourd'hui, est une lettre du sire de Joinville au roi Louis IX, elle porte la date de 1270.

Il ne faut pas croire cependant que le papier de chiffons, malgré les avantages qu'il offrait sur le parchemin, en ait détruit subitement l'usage. Quelqu'utiles qu'elles soient, les nouvelles inventions ne s'introduisent ordinairement qu'avec difficulté. Le parchemin continua d'être réservé pour les expéditions des actes et pour les manuscrits de quelque importance ; il fut même défendu aux notaires de se servir du papier pour les actes publics.

La fabrication du papier ne commença à prendre de l'imporlance en France qu'après l'invention de l'imprimerie. Ce fut à Troyes, dans l'Aube, et à Essonnes, près Paris, que furent établies, vers la fin du quatorzième siècle, les premières manufactures dont l'existence a été sérieusement constatée.

Ce produit arriva bien vite à une perfection doublement remarquable, si l'on songe qu'il se perfectionna dans le siècle même où l'imprimerie allait être inventée par Gutenberg et qu'il semblait tout juste approprié aux besoins de cette merveilleuse invention. « Il y a là, dit M. Egger, une de ces coïncidences où certains esprits ne veulent voir qu'un effet du hazard, où le bon sens, d'accord avec l'esprit religieux de l'humanité, reconnaîtra toujours l'action mystérieuse de la Providence qui gouverne nos destinées.

DEUXIÈME PARTIE

DÉCOUVERTE DE L'IMPRIMERIE

CHAPITRE Ier

Ce n'est pas sans étonnement que l'on voit combien les anciens ont approché de la découverte de l'imprimerie sans atteindre le but ; car, il n'est guère admissible que, comme le prétend d'Israeli, les grands hommes, chez les Romains, aient eu connaissance de cet art, mais l'aient tenu caché par politique, calculant les immenses dangers que cette découverte pouvait entraîner avec elle.

Sans parler des Chinois qui imprimaient au moyen de planches gravées, trois cents ans avant Jésus-Christ, les anciens connaissaient les principes de l'impression. En effet, les Grecs et les Romains gravaient des lettres, des chiffres, des légendes dans le sens inverse, qu'ils imprimaient à chaud ou à froid sur le pain, les briques et même sur le front de leurs esclaves fugitifs. On a découvert de ces caractères détachés dans les ruines d'Herculanum, et ces types, sculptés à rebours, se reproduisaient dans leur sens véritable sur les objets ainsi marqués. Ils connaissaient même le principe fondamental de l'imprimerie, la mobilité des caractères, puisque, d'après des passages de saint Jérôme et de Quintilien, on voit que les anciens apprenaient à lire aux enfants au moyen de lettres en relief détachées. « Il est bon, dit Quintilien, d'exciter le zèle des enfants en leur donnant pour jouets des lettres figurées en ivoire.... Les maîtres, quand ils jugent que les enfants ont assez retenu les lettres dans l'ordre où on a coutume de les écrire, se mettent à intervertir et bouleverser tout l'alphabet, jusqu'à ce qu'enfin leurs élèves parviennent à les reconnaître à leur forme et non à leur ordre. »

Quant à l'impression humide, ils la connaissaient aussi ; car il est hors de doute que les peintures des vases étrusques s'appliquaient au moyen de lames découpées, et les Egyptiens ont dû employer le même procédé pour imprimer les ornements en couleur si régulièrement tracés que l'on voit sur les caisses de leurs momies.

Voici un curieux passage de Plutarque, encore plus concluant :

« Agésilas voyant ses soldats découragés, dit l'auteur grec, écrivit
« dans le creux de sa main et à rebours le mot victoire, puis,
« prenant du devin le foie de la victime, il y appliqua sa main
« ainsi inscrite en dessous, et, la tenant appuyée le temps néces-
« saire, il parut plongé dans ses méditations jusqu'à ce que les
« traits des lettres fussent imprimés sur le foie. Alors, le mon-
« trant à ceux qui allaient livrer bataille, il leur dit que par cette
« inscription les dieux leur présageaient la victoire, qu'ils rem-
« portèrent en effet. »

Les anciens n'avaient donc qu'un pas à faire pour découvrir l'art de l'imprimerie, et ce n'est que quatorze siècles après que cette idée de rassembler et de combiner les lettres de l'alphabet, idée qui nous paraît si simple aujourd'hui, fut réalisée avec des peines infinies.

L'empereur Justin, qui avait été d'abord un simple paysan, ne sachant pas écrire, avait fait découper à jour, dans une mince lame d'or, les lettres de son nom, et, lorsqu'il voulait signer, il appliquait cette lame sur le papier et promenait la plume dans les découpures des lettres.

Charlemagne et Guillaume-le-Conquérant, aussi illettrés que Justin, imprimaient sur leurs chartes leur cachet trempé dans l'encre.

Les enlumineurs et les décorateurs de livres au moyen âge, imprimèrent aussi avec des patrons découpés les lettres majuscules et les ornements en encres de diverses couleurs sur les manuscrits.

Nous avons vu déjà que, du temps de Pline, Varron, *inventeur d'un bienfait à rendre jaloux même les dieux*, pour nous servir de ses propres expressions, avait trouvé le moyen d'insérer dans ses livres les portraits des personnages illustres. Ce moyen nouveau « inconnu jusqu'alors » devait être une impression au moyen de traits gravés en relief sur une planche de métal ou de bois, dans le système actuel de notre gravure sur bois.

Cet art était pratiqué en Chine, depuis plusieurs siècles, et il n'est pas impossible que le savant Varron en ait eu connaissance.

Il paraît cependant que celui-ci ne le vulgarisa pas, puisqu'on en le voit point employé après lui.

Les cartes à jouer, qui furent inventées au commencement du quatorzième siècle, et non, comme on l'a dit, pour amuser la triste folie du roi Charles VI, furent d'abord fabriquées au moyen de patrons découpés, à travers lesquels on traçait les traits qu'on enluminait ensuite. Mais vers 1400, pour les fabriquer avec plus de célérité et à meilleur marché, on imagina de graver des pièces de bois en relief pour l'impression des cartes. Telle fut l'origine de la xylographie ou gravure sur bois en Europe.

En Hollande, où se propagea surtout cette industrie, elle fut appliquée ensuite à des images de dévotion. On conserve à la bibliothèque de Harlem de ces sortes d'estampes de la même grandeur que les anciennes cartes à jouer. On agrandit ensuite le format de ces planches gravées et l'on imprima ainsi différents sujets de l'histoire sainte, avec un texte explicatif à côté ou au-dessous de l'image. Les figures qui y sont représentées sont grossièrement faites, au simple trait, dans le goût gothique, de même que l'explication latine en prose rimée qui accompagne chaque figure.

La plus ancienne gravure sur bois que l'on connaisse, date de 1418. Elle représente la Vierge et l'enfant Jésus dans un jardin, au milieu de quatre saintes, sainte Catherine, sainte Dorothée, sainte Barbe et sainte Marguerite. Au premier plan est une palissade en bois sur le milieu de laquelle est le millésime 1418.

Une autre gravure accompagnée de texte, et qui porte la date de 1423, représente saint Christophe portant à travers la mer l'enfant Jésus. On y lit une inscription latine qui peut se traduire ainsi :

> Celui qui saint Christophe verra
> Dans la journée point ne mourra
> L'an mil quatre cent vingt et trois.

promesse qui dut beaucoup contribuer au succès de l'image.

Quelques-unes de ces gravures primitives ont été dessinées et taillées par Wolgemuth, qui fut le maître de Albert Durer. Bientôt on passa à des sujets historiques et à des suites entières, en y ajoutant un texte gravé de la même manière. Telle fut l'origine des *livres d'images* dont plusieurs bibliothèques de l'Europe possèdent des exemplaires curieux.

Le succès de ces livres d'image fut immense et rapide, car on voit se former à cette époque les corporations des *tailleurs de bois* et des *Ymagiers*.

Pour graver ces planches de bois, il fallait d'abord dessiner le sujet à la plume ou le calquer sur le bois; puis, enlever délicatement avec des outils tout ce qui devait demeurer en blanc et être creusé, en conservant en relief tous les traits qui forment le dessin, parce que le relief seul forme dans l'impression les traits sur le papier. C'est l'imprimerie chinoise, ou notre gravure sur bois actuelle. Dans l'impression des images et des cartes, or chargeait de noir la planche de bois, on appliquait dessus une feuille de papier moite, afin qu'elle s'attachât plus aisément av relief; en passait ensuite sur le papier un frotton de crin ou d'étoffe, et l'on frottait ou tamponnait le papier sur la planche; alors l'empreinte de l'image paraissait sur le papier. Ces feuillets n'étaient imprimés que d'un seul côté, car on n'aurait pu imprimer le revers de la feuille déjà chargée d'encre sans effacer ce premier côté; on collait ensuite ces feuillets dos à dos, les uns aux autres.

Ces livres, curieux par leur singularité, mais d'une lecture fort difficile par la forme des lettres et les abréviations, sont aujourd'hui fort rares.

L'un des plus importants est la *Bible des pauvres*, ainsi nommée parce qu'elle était destinée au peuple, trop pauvre pour acquérir la Bible entière, ouvrage volumineux et très-coûteux. Ce livre, dont l'impression remonte vers 1430, est composé de quarante feuillets petit in-folio, ornés de gravures sur bois qui représentent et expliquent les principaux faits de l'ancien et du Nouveau-Testament.

Les livres d'images donnèrent l'idée d'appliquer aux livres d'étude destinés aux écoliers, ces procédés, très-imparfaits sans doute, mais moins lents et moins coûteux que l'écriture, et l'on grava en relief sur des planches de bois, des alphabets et un livre de grammaire, alors fort en usage dans les écoles et connu sous le nom de *Donat*, parce qu'on le regardait comme un abrégé d'un traité d'Ælius Donatus, célèbre grammairien latin du quatrième siècle.

La bibliothèque impériale de Paris, qui passe pour être la plus riche du monde, en monuments de ce genre, possède deux planches de bois gravées, provenant d'un Donat, dont les lettres sont sculptées en relief et à rebours. Ces caractères sont gothiques et assez gros.

Jusqu'alors la plume conduite par la main des copistes avait été le seul instrument employé pour la confection du livre manuscrit. Les essais d'impression tabellaire ou xylographique, tout imparfaits qu'ils étaient, devaient conduire à l'invention de l'imprimerie. Ce n'était pas encore l'imprimerie, mais c'était déjà un moyen d'obtenir plus de régularité dans les caractères et surtout plus de rapidité dans la production du livre.

CHAPITRE II

Lorsque l'on considère l'époque à laquelle eut lieu la découverte de l'imprimerie, on ne peut s'empêcher d'y voir avec les écrivains contemporains une intervention divine. Cet art, complément de la parole, et le plus puissant instrument de la civilisation du monde, ouvre un horizon nouveau au génie de l'homme ; sa découverte sépare le monde ancien du monde moderne.

Au quinzième siècle, une civilisation nouvelle semblait poindre au milieu du chaos laissé par les époques antérieures. Par suite des ravages exercés par les musulmans en Orient, par les barbares du Nord en Occident, les bibliothèques, et avec elles une partie des arts et des sciences, avaient disparu. Le peu de livres échappés à la destruction générale n'avaient trouvé de refuge que dans quelques couvents, d'où la littérature profane n'était pas encore exilée, et la rareté et le prix élevé de ces livres ne répondaient pas aux besoins moraux des générations nouvelles. Il fallait qu'un travail mécanique vînt suppléer aux mains trop lentes des manuscripteurs, qui ne pouvaient plus suffire même à la confection des livres nécessaires aux classes privilégiées. Ce n'était plus d'ailleurs exclusivement en faveur de quelques belles intelligences, pour le plaisir des princes, des hauts barons et des châtelaines que devait s'exercer désormais l'art nouveau, mais pour servir par dessus tout les intérêts généraux. Grâce à cet art merveilleux qui va se répandre rapidement partout, les sciences et les arts, ensevelis dans la poussière des archives, vont recevoir un nouveau jour ; désormais la barbarie n'est plus à craindre ; pour la combattre, l'humanité possède une arme toute-puissante.

Pour bien comprendre quel immense bienfait était l'imprimerie pour l'humanité, il suffit de lire les écrits de ceux qui ont vu naître cet art sans égal.

« C'est une merveille presque incroyable quoique vraie, dit Sébastien Munster dans sa *Cosmographie universelle*, que, dans un seul jour, un seul ouvrier produise autant que pourrait faire en deux ans le scribe le plus expéditif. Sans cette ingénieuse invention de l'esprit humain, c'en était fait de toutes les bonnes études, dans ces derniers temps. Déjà les bons auteurs commençaient à être délaissés et oubliés; toutes les doctrines auraient disparu avec eux, si cet art divin ne leur fut venu en aide. C'est donc Dieu, l'ordonnateur de toutes choses, qui n'abandonne jamais celles de ce monde, qui fit don aux mortels de cet indispensable invention au moment où périssaient les lettres et l'histoire. Mais par elle aussitôt on les vit revivre et se répandre en tous pays, ainsi que la mémoire des anciens temps et la divine sagesse des philosophes. »

La dédicace suivante, adressée au souverain pontife Paul II, par l'évêque d'Aleria, Jean André, atteste l'intérêt que l'Eglise, non moins que les rois et les peuples, témoigna, dès l'origine, à l'imprimerie :

« Au nombre des bienfaits dont il convient sous votre règne de louer Dieu, est celui qui permet aux plus pauvres de pouvoir acheter des livres à bas prix. N'est-il pas infiniment glorieux pour Votre Sainteté, que les volumes, qui autrefois coûtaient au moins cent écus d'or, peuvent être acquis aujourd'hui, bien imprimés et très-corrects, pour vingt écus, et que ceux qui en auraient coûté vingt, n'en valent plus que quatre et même moins. Ajoutez que les fruits du génie, jadis la proie des vers et ensevelis dans la poussière, vu le pénible labeur et les frais immenses de leur transcription, ont commencé, sous votre règne, à surgir et se répandre à grands flots sur toute la terre. Tel est l'art ingénieux de nos imprimeurs, que nulle invention, ancienne ou moderne, ne saurait l'égaler. C'est par cet art divin que votre pontificat, d'ailleurs si glorieux, ne périra jamais dans la mémoire des hommes, tant que vivra l'amour des lettres... Et ici je proclamerai à la gloire des créateurs de ces beaux caractères, que, sous le pontificat de Paul II, l'art qu'ils exercent avec tant d'habileté, grâce au divin pasteur qui nous le fit descendre du ciel, permet d'acheter les livres à plus bas prix que n'en coûtait jadis la reliure. »

De même qu'on vit autrefois sept villes fameuses de la Grèce se disputer l'honneur d'avoir donné naissance à Homère, de même un nombre de villes encore plus considérable a revendiqué

la gloire d'être le berceau de l'imprimerie. Mais pour ne citer ici
que celles dont les prétentions sont appuyées de quelques titres
sérieux, nous dirons que des centaines de volumes ont été écrits
pour faire pencher la balance en faveur soit de Harlem, soit de
Mayence, soit de Strasbourg.

Ce que l'on peut regarder comme à peu près certain aujour-
d'hui, non-seulement par les témoignages les plus sûrs et les
plus autorisés, mais encore par des monuments réellement exis-
tants et incontestables, c'est qu'à Harlem revient le mérite de
l'impression tabellaire ou xylographique, mais que c'est à Strasbourg ou à Mayence qu'ont été imprimés les premiers livres au
moyen de caractères mobiles et de la presse. Sans discuter ici les
nombreuses raisons données pour ou contre cette opinion, nous
passerons tout de suite au récit de sa véritable origine.

Ce fut vers l'an 1400 que naquit, à Mayence, Jean Gutenberg.
Son père, de la famille noble des Gensfleisch de Sulgeloch, avait
épousé Else de Gutenberg, et il donna ce dernier nom à son fils,
Henne (Jean) Gensfleisch zum Gutenberg.

Le jeune Jean Gensfleisch avait vingt ans lorsqu'arrivèrent les
événements qui décidèrent du reste de sa vie, et voici comment
les causes réagissent les unes sur les autres.

Conrad III, ayant été nommé à l'électorat de Mayence, dit le
chroniqueur, fit son entrée solennelle dans sa capitale, accompagné de l'empereur Ruprecht. La noblesse et le peuple choi-
sirent séparément des députés, pour aller au devant de leurs
souverains, leur porter les témoignages de leur entière soumis-
sion et de l'allégresse qu'allait causer leur présence. Mais, soit
que les députés patriciens eussent à dessein prévenu ceux du
peuple, soit que le hasard les eut favorisés, ils arrivèrent les premiers et saluèrent seuls l'empereur et l'électeur. Le peuple vit
dans cette démarche une exclusion offensante pour lui; il demeura froid spectateur des fêtes qui furent données aux deux
princes, et la sédition fut bientôt la suite de ce morne silence. Il
se porta avec fureur contre les patriciens, assiégea leurs demeures
et leur imposa des lois si dures, que les plus anciennes familles,
préférant un exil volontaire à la perte totale de leurs priviléges,
se réfugièrent dans les villes voisines. »

Jean Gutenberg, qui appartenait à l'une des familles nobles de
Mayence, crut devoir s'expatrier et il se retira à Strasbourg, alors
ville allemande.

Vivant dans un siècle où un noble dérogeait en embrassant

une autre carrière que celle des armes, Gutenberg, sans cet événement, ne se fût sans doute jamais occupé des travaux qui le
conduisirent à son admirable découverte. Mais, éloigné de ses
parents, de ses amis, privé de ses biens, abandonné à lui-même
enfin, il dut chercher dans son propre génie les moyens de vivre
honorablement, et, quittant son épée de gentilhomme, il se mit
résolument à manier la lime et le marteau.

Doué d'un esprit vif et entreprenant, sans cesse occupé de projets et fort habile de ses mains, il s'occupa d'abord d'appliquer
des procédés nouveaux, à la taille des pierres précieuses et au
polissage des miroirs. Nous le voyons, en 1433, former une association avec un certain André Dritzehen, habile fondeur et bour-
geois de Strasbourg, pour l'exploitation de ses procédés. Ce fut
l'année suivante qu'il conçut l'idée de l'imprimerie, et, après
quelques essais secrets, il forma une nouvelle association avec
André Dritzehen, Hans Riffe et Anton Heilmann, pour l'exploitation
de cette nouvelle entreprise.

D'après l'acte, qui nous a été conservé, des associés devaient
fournir une certaine somme et avoir une part dans les bénéfices
de l'invention : la grande foire d'Aix-la-Chapelle, époque du
jubilé en 1440, était le moment fixé pour l'exploitation de ce
secret, *qui devait exciter la curiosité de tous et rapporter de
grands profits.*

En attendant, Gutenberg se retira au couvent de Saint-Arbo-
gast et y travailla avec ardeur à sa nouvelle invention. Dritzehen,
très-habile ouvrier, allait souvent travailler avec lui, et Gutenberg, reconnaissant son zèle et son aptitude, lui confia les dessins
et les instructions nécessaires pour faire construire une ou plusieurs presses de son invention. Pourvu de cet instrument,
Dritzehen se mit à travailler jour et nuit, afin d'avoir achevé
l'ouvrage pour l'époque indiquée, celle de la grande foire d'Aix-
la-Chapelle; mais cette activité lui fut fatale, car il mourut à la
peine, peu de temps après, aux environs de la Noël de l'an
1438.

Cet événement fâcheux, non-seulement priva Gutenberg de
son meilleur ouvrier, mais encore lui fit perdre toute une
année, par suite du procès que lui intentèrent les héritiers du
défunt, qui réclamaient, ou leur admission dans la société, ou le
remboursement des sommes avancées par Dritzehen.

Ce fut au commencement de 1439 qu'eut lieu ce procès célèbre, dont toutes les pièces, conservées à Strasbourg, ont été dé-

couvertes, par hasard, en 1745, par l'archiviste Wenkler, dans une vieille tour de la ville. Et ce sont ces pièces qui portent quelques lumières, bien que faibles et obscurcies sans doute à dessein, sur les procédés secrets d'une association qui avait un double intérêt à ne pas les voir dévoiler; celui de faire croire que les livres imprimés étaient des manuscrits, et d'éviter surtout d'être accusés de sorcellerie, comme l'atteste le dire de l'un des principaux témoins entendus lors de l'affaire en litige. C'est là que, pour la première fois, l'on parle de l'imprimerie au moyen de caractères mobiles.

Jusqu'à la mort d'André Dritzehen, ils avaient travaillé jour et nuit à la composition de ce grand ouvrage, qui *devait exciter la curiosité de tous* à la grande foire d'Aix-la-Chapelle, et y trouver par conséquent un grand débit. Cet ouvrage devait être une Bible ou un Catholicon, comme nous l'apprennent les témoignages positifs de leurs contemporains, Ulrich Zell, qui établit quelques années après la première imprimerie à Cologne, et l'abbé Trithème qui, quoiqu'enfant à cette époque, avait pu voir Gutenberg avant sa mort. Et bien que cet ouvrage ne soit pas paru à Strasbourg même, il semble qu'on doive considérer cette ville comme le berceau réel de l'imprimerie, et c'est avec justice que la statue de Gutenberg s'élève à ce titre dans ses murs.

Voici le récit d'Ulrich Zell qui, habitant une ville qui n'a pas élevé de prétentions rivales, semble tout à fait désintéressé dans la question. « Ce noble art, dit-il, fut inventé pour la première fois en Allemagne, à Mayence sur le Rhin et fit grand honneur à la nation allemande. Cela arriva vers l'année 1440; (époque à laquelle Gutenberg habitait encore Strasbourg) et de là jusqu'à l'année 1450, cet art et tout ce qui s'y rattache fut perfectionné.

« On commença à imprimer l'an 1450, qui était l'année du jubilé, et le premier livre mis sous presse fut la Bible latine en grands caractères, tels que ceux avec lesquels on imprime aujourd'hui les missels.

Le premier inventeur de la typographie fut un citoyen de Mayence nommé Jean Gutenberg ou Gudenburch; il était noble. »

Quelques écrivains ont révoqué en doute que Gutenberg ait eu tout d'abord l'idée d'employer des caractères mobiles, et ils pensent qu'il voulut d'abord se servir de planches de bois gravées en relief, comme celles qu'on employait de son temps pour l'impression des livres d'images et des Donats; on pense même qu'aveo l'aide du laborieux Dritzehen, il dut exécuter à Strasbourg quelque impression peu importante et anonyme, soit un Donat ou un vocabulaire, au tirage desquels servit la presse qu'il avait fait faire d'après ses plans. Mais il ne pouvait songer à graver en planches de bois ces 1300 pages, ces deux millions de lettres dont se compose une Bible en moyenne écriture. Il ne pouvait penser non plus à obtenir ces empreintes par le frottement, car il n'aurait pu imprimer le revers de la feuille, déjà chargée d'encre par un côté, qu'aux dépens de ce premier côté dont l'écriture serait effacée.

Il paraît donc certain que Gutenberg, qui, suivant l'expression de ses contemporains, trouva à Strasbourg *un nouveau genre d'écrire*, taillait en bois des caractères mobiles, mais il est douteux que, pour ses premiers caractères, il ait employé le métal, soit en gravure, soit en fonte. Quant à la presse, elle n'était pas de l'invention de Gutenberg, ou du moins il en prit l'idée dans les pressoirs des cuves en grand usage sur les bords du Rhin.

A la suite du procès des héritiers Dritzehen, Gutenberg, privé de ressources par les frais considérables qu'il avait été obligé de faire pour ses essais, ayant perdu en outre dans André un auxiliaire intelligent et dévoué, se vit obligé d'abandonner momentanément ses projets. Il resta cependant encore plusieurs années à Strasbourg, occupé sans doute à mûrir son invention.

CHAPITRE IV.

Ce fut en 1445 que Gutenberg quitta Strasbourg pour retourner à Mayence, dans la pensée peut-être d'y trouver plus facilement un bailleur de fonds. Persévérant comme l'homme de génie qui a la certitude de posséder un secret utile à l'humanité, Gutenberg ne se découragea pas de son insuccès à Strasbourg, et, de retour dans sa ville natale, il s'occupa des moyens d'atteindre le but auquel il aspirait.

Ne pouvant trouver les fonds nécessaires pour continuer seul son entreprise, il se décida à s'adresser à Jean Faust, orfèvre et banquier de Mayence.

L'orfèvre, à cette époque, n'était pas ce que sont les marchands bijoutiers qui portent aujourd'hui ce nom; c'était une sorte de mécanicien-fondeur, qui réunissait dans son laboratoire aux grandes conceptions des machines l'habile exécution des détails.

Tel était Faust, homme habile, riche, mais fort intéressé, et que quelques auteurs ont même flétri du nom d'usurier. Quoiqu'il en soit, l'habile homme, comprenant tout le mérite de l'invention de Gutenberg, et prévoyant les bénéfices qu'elle devait procurer, lui imposa un acte de société dont le texte a été conservé, et qui porte la date de 1450. Par cet acte, il s'engage à avancer à Gutenberg la somme de huit cents florins d'or, portant intérêt à six pour cent, pendant cinq années, pour la confection des ustensiles et des instruments nécessaires à l'imprimerie, lesquels ustensiles et instruments seront engagés à Faust comme garantie. Il s'engage, en outre, à donner trois cents florins d'or pour les frais généraux. Les bénéfices devront être partagés entre les deux associés. Au cas où la société viendrait à se dissoudre, il est convenu que Gutenberg pourra dégager ses outils en remboursant à Faust ses huit cents florins d'or avec les intérêts. Comme on le voit, ce traité était tout à l'avantage de Faust; car,

Fig. 17. — Gutenberg montrant à Faust ses essais d'impression, d'après
le tableau conservé à l'hôtel-de-ville de Mayence.

en cas de non réussite, il s'appropriait le matériel de l'imprimerie et le droit de l'exploiter lui-même.

Mais Gutenberg ne recule devant aucun sacrifice; peu lui importe, pourvu qu'il puisse atteindre le but qu'il se propose, et, pour atteindre ce but, il lui faut de l'argent à tout prix.

Gutenberg avait rapporté de Strasbourg ses lettres en bois, avec lesquelles il avait sans doute déjà imprimé quelques feuillets de la Bible destinée à voir le jour à la foire d'Aix-la-Chapelle. Mais, jugeant les résultats qu'il en obtenait trop inférieurs à l'exécution des manuscrits pour pouvoir produire une illusion complète et profitable, il avait renoncé à s'en servir et cherché d'autres moyens moins imparfaits. Ce fut alors qu'il imagina de former des moules, des matrices, et d'y couler des lettres en plomb ou en étain, idée qu'il avait conçue, dit un de ses historiens, en voyant battre monnaie dans l'hôtel de Strasbourg.

Plein de confiance cette fois, Gutenberg se met à l'œuvre avec une nouvelle ardeur. Il monte son imprimerie dans la maison de *Zum Jungen* qui appartenait à son oncle, et qui, plus tard, conserva le nom de l'*Imprimerie*. Il consacra près de deux ans à se procurer les poinçons, les moules, les caractères, les presses et le papier qui lui étaient nécessaires. Toutes ces dépenses absorbèrent les huit cents florins avancés par Faust, et il fut obligé d'en emprunter huit cents autres à l'orfèvre pour terminer l'impression de la *Bible* qui était déjà commencée.

Cependant Gutenberg n'avançait que très-lentement dans son travail, et éprouvait de grandes difficultés, provenant, sans doute, du peu de résistance qu'offrait le plomb ou l'étain des caractères sous la presse, peut-être bien aussi de l'imperfection des matrices. Ce fut Schœffer, ouvrier de Faust, qui eut la gloire de perfectionner l'œuvre de ses maîtres.

Doué d'un esprit ingénieux et pratique, placé par son intelligence au-dessus de la classe où le sort l'avait fait naître, Schœffer suivait avec une avide curiosité les travaux auxquels se livraient Gutenberg et Faust. Il vit et comprit la cause des difficultés qu'ils éprouvaient, et de son côté il se mit à l'œuvre. Après de nombreux essais infructueux, il réussit enfin. Il grava des poinçons en relief avec lesquels il frappa des matrices, qui, ajustées dans des moules en fer, servirent à la fonte des caractères, dont il modifia l'alliage jusqu'à ce qu'il eut obtenu le degré de consistance convenable.

Ainsi, pour rendre à chacun la part de justice qui lui est due,

Schœffer fut le premier qui fondit dans l'airain les signes de la parole, les lettres que l'on pouvait assembler d'une manière indéfinie, et compléta ainsi l'art de la typographie.

Schœffer inventa aussi, dit-on, une nouvelle encre à imprimer, celle dont on se sert aujourd'hui. L'encre qu'on employait alors dans l'impression tabellaire, pour la confection des livres à images, était claire et pâle ; il fallait en imaginer une plus épaisse, plus noire, plus gluante, qui pût tenir sur les caractères soumis à la presse. Schœffer y appliqua sans doute les procédés du peintre hollandais Van Eyck, qui avait trouvé l'art de mêler avec les couleurs l'huile de lin ou de noix.

Faust fut si enchanté de ces découvertes, qu'il associa Schœffer à leur entreprise, et lui donna sa fille en mariage.

Tous trois se mirent donc à travailler sur nouveaux frais, tout en gardant le secret de leur invention, jusqu'à ce qu'il fut divulgué par leurs ouvriers, sans l'aide desquels ils ne pouvaient pratiquer cet art.

Gutenberg ne fut pas plus heureux à Mayence qu'il ne l'avait été à Strasbourg. Pendant les cinq années fixées pour la durée de l'association, Faust avait eu la facilité de s'instruire de tous les détails de l'invention, détails qu'il connaissait alors à fond ; certain ensuite de l'appui des talents de l'habile Schœffer, dont il avait fait son gendre ; certain surtout de pouvoir s'approprier facilement le fonds de l'imprimerie qui était déjà très-considérable, s'il exigeait de Gutenberg le remboursement de son argent, sachant bien que celui-ci ne pourrait s'acquitter, il jugea le moment favorable pour lui intenter un procès et lui réclamer les sommes qu'il avait avancées.

Faust fit donc assigner Gutenberg devant les juges, pour le contraindre à lui rembourser les sommes qu'il lui avait avancées, et qui montaient avec les intérêts à 2020 florins d'or, ou à lui abandonner son matériel typographique qui était sa garantie.

Cette fois, Gutenberg avait contre lui les termes de son engagement et l'un des juges, Nicolas Faust, parent de l'orfèvre Jean Faust. Pierre Schœffer déposa contre lui comme témoin. Gutenberg devait perdre, et il perdit en effet son procès. Il se vit enlever ses instruments de travail qui lui avaient causé tant de peine et d'argent, depuis vingt ans qu'il s'occupait de l'imprimerie, et même la gloire d'avoir inventé cet art merveilleux.

En effet, le rusé Faust, feignant la générosité, consentit à laisser à Gutenberg une partie de son matériel et du produit de ses travaux, à la condition qu'il ne mettrait son nom sur aucun livre qu'il pourrait imprimer, se fondant sur ce que chaque associé avait des droits égaux sur les ouvrages commencés et sur le matériel.

Quelque dures que fussent ces conditions, Gutenberg, ruiné une seconde fois par la perte de ce procès, fut contraint de les accepter. Faust lui laissa ses anciens types, qui avaient l'inconvénient d'être trop gros, ce qui rendait l'impression plus coûteuse et l'exécution moins parfaite. Il abandonna à Gutenberg, en même temps que le vieux matériel, les entreprises commencées; telles que la Bible de 36 lignes et le Catholicon; mais, comme nous l'avons dit, avec l'obligation de n'y point mettre son nom, puisque chaque associé avait des droits sur ces ouvrages.

En abandonnant à Gutenberg le matériel imparfait et les caractères peu nombreux créés par lui avec tant de temps et de peine, Faust et Schœffer savaient parfaitement qu'il ne pourrait achever promptement les ouvrages commencés. Tandis qu'au moyen de leur nouveau procédé et des beaux caractères exécutés par Schœffer, ils étaient sûrs de pouvoir le devancer. Ils savaient d'ailleurs que leurs éditions l'emporteraient sur celles de Gutenberg, puisqu'elles seraient plus belles et qu'ils pourraient même les vendre moins cher, attendu que, formant moins de feuilles, elles consommeraient moins de papier ou de vélin, dépense alors considérable.

En effet, Faust et Schœffer firent paraître leur bible de 42 lignes en 1456, comme l'indique la note manuscrite à l'encre rouge, qui figure à la fin de l'exemplaire que possède la bibliothèque impériale de Paris; il y est dit : « Ce livre a été enluminé et relié par P. Henri Cremer, l'an du Seigneur 1456, à la fête de l'Assomption de la Vierge Marie. » Quelques bibliographes ont attribué cette bible à Gutenberg, parcequ'elle ne porte pas de nom ; mais c'est à tort, puisque le caractère dont elle est imprimée est le même que celui du psautier de Mayence, que Faust et Schœffer firent paraître l'année suivante et qui porte leur nom. Si leur bible n'est pas signée, c'est qu'ils voulaient pouvoir la vendre comme manuscrite, et en tirer un prix élevé ; et c'est ce qu'ils firent en effet.

Gutenberg était donc dépouillé de sa gloire d'inventeur de l'art typographique, comme Christophe Colomb devait l'être quelques années plus tard de celle de découvreur du Nouveau-Monde ; sort commun à presque tous les inventeurs ! Heureusement la postérité ne devait pas ratifier ces spoliations ; justice tardive, hélas !

Gutenberg, homme d'une énergie extrême, semblait, comme Antée, se relever de chaque chute avec plus de vigueur pour la lutte. Il se mit de nouveau à la recherche d'un bailleur de fonds, ce messie des inventeurs, et eut le bonheur de trouver cette fois un véritable protecteur dans la personne du docteur Conrard Humery, syndic de Mayence. Cet homme éclairé et généreux n'exigea, pour la sûreté de ses capitaux, que la condition qu'après la mort de Gutenberg, en cas de non remboursement, le matériel de l'imprimerie lui appartiendrait.

Grâce à cet appui, Gutenberg parvint à établir à Mayence, en 1455, une imprimerie en concurrence avec celle de Faust et Schœffer. C'est dans cet atelier qu'il termina sa bible de 36 lignes, qui parut peu après celle de Faust. Elle ne porte ni nom ni date, non plus que le *catholicon*, qui fut achevé d'imprimer en 1460, comme nous l'apprend la souscription placée à la fin de cet ouvrage et dont voici la teneur :

« Avec l'assistance du Tout-Puissant, qui par un signe rend les enfants éloquents et leur révèle souvent ce qu'il cache aux doctes, ce livre insigne, le *Catholicon*, fut achevé d'imprimer en 1460, à Mayence, ville de l'illustre Germanie, — que Dieu dans sa clémence daigna élever au-dessus des autres nations, par le don gratuit d'une telle production du génie humain. — Ce livre n'a été fait ni à l'aide du roseau, du stylet ou de la plume, mais par l'accord merveilleux dans les rapports et la grosseur des lettres au moyen de poinçons et de matrices. »

C'est sans doute à la découverte de Schœffer que Gutenberg fait allusion dans la première phrase de cette souscription :

Faust et Schœffer auraient donc imprimé le premier livre, puisque leur Bible parut avant celle de Gutenberg ; cependant, un acte de 1489 prouverait que Gutenberg aurait, antérieurement à cette époque, imprimé plusieurs ouvrages religieux qui ne nous sont pas parvenus. Par cet acte, il fait don au couvent de Sainte-Claire à Mayence, où était retirée sa sœur, de *tous les livres qu'il a déjà imprimés à cette heure, ou qu'il pourra imprimer à l'avenir.*

Gutenberg travailla avec ardeur de 1456 jusqu'à 1462 ; dans ce laps de temps, il publia, outre sa Bible et son Catholicon, plusieurs autres ouvrages : un *Traité de la célébration de la messe* où il rend le nom de Joannis *a bono monte*, (en allemand,

Gutenberg signifie *bonne montagne*,) un *Thomas d'Aquin*, etc.
Au dire de son contemporain, Philippe de Liguamine, il imprimait chaque jour jusqu'à trois cents feuilles des deux côtés,
tirage considérable pour cette époque.

En 1462, lorsqu'éclata la guerre civile entre les deux archevêques, Diesher d'Isenburg et Adolphe de Nassau, Mayence fut
prise et pillée, et, comme on le pense bien, l'imprimerie de
Gutenberg et celle rivale de Faust et Schœffer eurent beaucoup
à souffrir de ces déplorables événements. Tous les ouvriers, qui
rouvaient du travail et du pain dans ces deux ateliers, furent
obligés de se disperser pour vivre, eux et leurs familles. Aussi
ne vit-on sortir aucun ouvrage des presses mayençaises pendant
deux ou trois ans.

Faust et Schœffer, qui étaient riches, se relevèrent peu à peu;
mais Gutenberg, fatigué et découragé de cette lutte inégale et
d'un état de gêne constant, finit par ne plus rien imprimer.

Malgré tous ses malheurs, Gutenberg jouissait parmi ses concitoyens d'une réputation des plus honorables, justement con-
quise par ses travaux, son énergie indomptable et ses déceptions
presque continuelles.

La Providence qu'il avait toujours invoquée lui vint en aide.
Adolphe de Nassau, archevêque-électeur de Mayence, qui avait
eu le dessus dans sa lutte contre son rival, nomma Gutenberg
gentilhomme de sa cour en 1465, en récompense des services
qu'il avait rendus à l'humanité.

Malheureusement, Gutenberg ne jouit pas longtemps de cette
position paisible : il mourut à Mayence, trois ans après, âgé d'environ soixante-sept ans. Il fut enterré au couvent des Francis-
cains, voisin de son imprimerie, et on lui érigea un simple
marbre rappelant qu'il était l'immortel inventeur de l'art de la
typographie.

On montre encore à Mayence, à l'auberge de *Jung*, un fragment de la première presse originale de Gutenberg qui porte le
millésime de 1441.

Deux statues en bronze ont été érigées dans ces derniers temps,
sur les deux principaux théâtres de la gloire de l'immortel créateur de l'art typographique, l'une à Mayence en 1837, chef-
d'œuvre du célèbre Thorwaldsen, l'autre à Strasbourg, en 1840,
due au ciseau de David d'Angers.

« Mais un monument bien plus durable atteste le génie de ce
grand homme. Un monument éternel que la lime sourde du

temps, que l'ingratitude et l'envie des hommes ne parviendront jamais à détruire. C'est le développement du génie dans tous les genres que l'imprimeri a facilité, les lumières qu'elle a répandues et qu'elle répandra encore chez le commun des hommes, l'esprit philosophique qu'elle propage, ces vérités sublimes, l'espoir du juste, l'effroi du méchant, qu'elle répand rapidement d'un pôle à l'autre. »

CHAPITRE V

Jean Faust et Schœffer, hommes très-habiles, continuèrent l'œuvre de Gutenberg et la perfectionnèrent même beaucoup; car leurs éditions sont bien supérieures en beauté, en finesse et en régularité à celles de Gutenberg.

Dès 1457, ils avaient fait paraître un bréviaire latin, connu sous le nom de *Psautier de Mayence*, monument vraiment remarquable de la typographie naissante. Ce livre, que les bibliophiles n'estiment pas moins de 250,000 francs, est imprimé avec une élégance qui prouve combien avaient été rapides les progrès du nouvel art.

Faust et Schœffer firent tous leurs efforts pour ravir à Gutenberg ses droits d'inventeur de l'imprimerie et se parèrent audacieusement de ce titre dans tous les livres qu'ils imprimèrent.

Le trait suivant caractérise l'esprit entreprenant et peu scrupuleux de Faust :

Profitant de l'ignorance de leurs contemporains sur les procédés qu'ils mettaient en usage, ils y trouvèrent d'abord l'avantage de vendre comme copies manuscrites leurs exemplaires imprimés, et de s'assurer ainsi pendant quelque temps la possession exclusive du fruit de leur industrie. Mais bientôt la comparaison de quelques-unes de ces prétendues copies, de l'autre l'indiscrétion des ouvriers, sans l'aide desquels ils ne pouvaient pratiquer cet art, en divulguèrent le secret.

Mais le rusé et intéressé Faust n'était pas homme à se contenter uniquement des triomphes d'amour-propre et de gloire, et il avisa promptement au moyen de tirer le parti le plus avantageux possible des produits merveilleux du nouvel art. Ne pouvant plus vendre en Allemagne ses impressions pour des véritables manuscrits, il prit avec lui un certain nombre d'exemplaires de sa fameuse Bible de Mayence, sur laquelle ne figurait ni nom, ni date, et s'en vint à Paris, où n'était pas encore parvenu le bruit de la nouvelle invention. Le théâtre n'était pas mal choisi, comme l'on voit, et il vendit en effet les premiers exemplaires comme des manuscrits, 60 écus couronnés, somme énorme pour le temps et qui reviendrait à environ 480 francs de notre monnaie actuelle. Puis il les céda à 50, à 40 et même à 30 couronnes, lorsqu'il eut épuisé les grandes bourses. Ce grand nombre de bibles et ces différences de prix donnèrent à réfléchir ; on compara les exemplaires et l'on s'aperçut de leur égalité parfaite, et même de la répétition exacte de quelques défauts qui s'y trouvaient. Comme la chose touchait fort les copistes, les clercs, les libraires parisiens et autres, vivant de l'écriture, ils l'examinèrent avec cette attention scrupuleuse et haineuse qu'inspire la concurrence. Ne comprenant rien à ces copies uniformes, et sachant bien que la même main n'aurait pu faire une aussi grande quantité d'exemplaires, ils pensèrent tout naturellement que Faust avait employé des moyens inconnus, et, comme ils ne savaient pas quels étaient ces moyens, ils trouvèrent tout simple d'y voir une œuvre de sorcellerie, les uns, parce qu'ils le croyaient réellement, les autres, bien qu'ils ne le crussent pas.

Des plaintes et des dénonciations furent faites, on opéra des recherches dans la maison de Faust, et on y trouva une certaine quantité de ces livres; les ornements en encre rouge qui décoraient plusieurs pages, passèrent pour avoir été tracés avec son sang. Il fut mis en prison et accusé de magie. Mais le roi Louis XI ordonna qu'on lui rendît la liberté, sous la condition qu'il ferait connaître les moyens employés par lui pour multiplier, dans cette proportion inouïe, les copies d'un même livre. On ne sait si Faust livra son secret pour sauver sa vie ; la chose est probable. Cependant, il ne retourna pas à Mayence, car il fut victime de la peste qui désola Paris en 1466.

La dernière édition qui porte le nom de Faust, est en effet de 1465, et, à partir de 1467, les ouvrages sortis de leur imprimerie portent le nom seul de Schœffer.

Pierre Schœffer survécut longtemps à Gutenberg et à Faust et continua ses publications de plus en plus renommées, qui toutes portaient son nom ou son double écusson imprimé en rouge. Schœffer eut toujours soin de mentionner Jean Faust et lui-même comme les inventeurs de l'imprimerie. Les descendants reproduisirent perpétuellement cette mention si flatteuse pour leur famille, et, comme tous ceux de leurs contemporains qui écri virent sur l'imprimerie, s'adressèrent naturellement à l'un d'eux pour en obtenir des renseignements, les informations qu'ils en recevaient tournaient toutes au désavantage de Gutenberg, et tendaient à le déshériter. Mais la postérité ne devait pas ratifier cette usurpation.

« C'est en vain que le gendre et le petit-fils de Faust ont voulu ravir à Gutenberg ses droits d'inventeur pour les transférer à Faust, dit M. Didot ; il suffit que ces droits aient été proclamés une fois par l'aveu même de Jean Schœffer, fils de Pierre Schœffer et petit-fils de Faust, pour annuler tout ce que Pierre et Jean Schœffer n'ont cessé de répéter à leur seule louange dans tous les livres qu'ils ont imprimés. »

« Dans sa dédicace à l'empereur Maximilien, en tête du *Tite-Live*, traduit en allemand et imprimé par Jean Schœffer, il déclare, comme pris d'un remords tardif, que c'est à Mayence que l'art admirable de la typographie a été inventé par l'ingénieux Jean Gutenberg, l'an 1450, et postérieurement amélioré et propagé pour la postérité par les capitaux et les travaux de Jean Faust et de Pierre Schœffer. »

« Voilà la vérité ! et certes aucun témoignage ne saurait être plus authentique et plus solennel ; sa date est de 1505, époque tellement rapprochée que les témoins étaient encore vivants. Cependant, nous voyons ensuite ce même Jean Schœffer imprimer audacieusement le contraire. Désormais, excepté ce *Tite-Live*, aucun livre imprimé par les Schœffer ne parle plus de Gutenberg ; ce sont Faust et Schœffer qui sont les inventeurs. »

CHAPITRE VI

Pendant que Gutenberg et Faust imprimaient les premiers livres à Mayence, Jean Mentelin, citoyen de Strasbourg, dont l'attention avait été éveillée par le procès de Gutenberg et qui peut-être même, si l'on s'en rapporte à certains témoignages avait été associé aux travaux de ce dernier, pendant son séjour à Strasbourg, s'occupait en silence des divers procédés de l'imprimerie. Le premier livre, attribué à Mentelin est une Bible en allemand qui porte la date de 1466, écrite en encre rouge par la main de l'enlumineur, et il publia jusqu'en 1478, époque de sa mort, un grand nombre d'ouvrages en petits caractères gothiques. Il devint très-riche et transmit son imprimerie à ses descendants. Ses premiers livres ne portent ni date, ni nom ; ceux auxquels il ajouta son nom d'imprimeur ne portent que cette indication, *per Johannem Mentelin*, et jamais il ne revendiqua la gloire d'inventeur de l'imprimerie. Mais, plus tard, son petit-fils Schott, plus audacieux encore que Faust et Schœffer, et enhardi peut-être par leur exemple, osa proclamer Mentelin l'inventeur de la typographie.

A la suite des troubles survenus à Mayence en 1462 et 1465, par suite du conflit entre les deux archevêques, il y eut une émigration des ouvriers imprimeurs qui portèrent leur art dans les villes les plus civilisées de l'Europe.

Ulrich Zell, élève et ouvrier de Gutenberg, s'établit à Cologne, où il imprima, dès 1463, la bulle du pape Pie II. Antoine Koburger fonda une imprimerie à Nuremberg à la même époque et y publia jusqu'en 1513 de nombreuses éditions.

Au nombre des imprimeurs de Nuremberg nous voyons figurer le célèbre graveur Albert Durer ; on connaît de lui plusieurs ouvrages ornés d'un grand nombre de gravures sur bois, le premier porte la date de 1498.

Conrad Sweynheim et Arnold Pannartz établirent à Rome la première imprimerie d'où sortirent, en 1465, un *Lactance*, puis *la Cité de Dieu* de saint Augustin, tous deux fort bien imprimés; puis les années suivantes, jusqu'en 1471, tous les beaux ouvrages de l'antiquité et les Pères de l'Eglise. Cette activité vraiment extraordinaire ne les enrichit pas, car ils durent adresser une supplique au pape Sixte IV pour qu'il voulut bien les secourir, attendu qu'ils n'avaient plus de quoi vivre, s'étant ruinés, disent-ils, par leur trop de zèle à imprimer ouvrage sur ouvrage.

Presque en même temps qu'à Rome, vinrent s'établir à Venise des typographes allemands : Jean de Spire obtint en 1469 du sénat de Venise un privilége exclusif pour y exercer l'art de l'imprimerie.

Les imprimeurs de Venise abandonnèrent les premiers les caractères gothiques pour les romains, qui sé sont conservés jusqu'à nos jours, et la faveur qu'obtinrent leurs éditions fut telle, que les libraires des autres villes avaient soin d'avertir que leurs éditions étaient faites avec des caractères vénitiens.

C'est vers 1490 que s'établit à Venise le chef de l'illustre famille des Aldes, qui a été pour l'Italie, ce que la famille des Estienne a été pour la France. Toutes deux également signalées à la reconnaissance universelle par le vaste savoir et le dévouement aux lettres de leurs illustres chefs, qui luttèrent avec un égal courage contre les difficultés politiques de leur époque. Ils ont joint à leurs éditions des préfaces, des dissertations et des notes, en latin et en grec, qui seules suffiraient à leur mériter la renommée littéraire dont ils jouissent.

Dès que la découverte de l'imprimerie fut divulguée, elle pénétra en Suisse; Elias Hélic publia en 1470, à Beromunster, (canton de Lucerne), plusieurs ouvrages religieux. Froben, l'ami d'Erasme et d'Holbein, publia à Bâle en 1516, la première édition grecque du Nouveau-Testament; il en publia l'année suivante une nouvelle édition avec la traduction latine et des commentaires étendus, qu'il dédia à Léon X. On lui doit, en outre, une foule d'éditions très-correctes et fort estimées.

En 1472, parut à Anvers le premier livre imprimé dans les Pays-Bas, puis à Alost, à Louvain, à Bruxelles. C'est en Hollande que régnèrent de 1616 à 1680 les Elzevier, qui portèrent l'art typographique à un si haut degré de perfection que leurs éditions sont encore recherchées et appréciées dans le monde entier.

L'imprimerie fut introduite en Angleterre quelques années plus tard qu'en Italie et en France. Ce fut William Catson, commerçant anglais, qui, de retour d'un voyage à Cologne, y importa le nouvel art. Le premier livre sorti de ses presses établies à Westminster, est le *Jeu des échecs*, traduit du français; il porte la date de 1474. Jusqu'en 1491, époque de sa mort, il traduisit et imprima un grand nombre de livres français et principalement des romans de chevalerie. Ses éditions fort rares, et qui se vendent à des prix excessifs en Angleterre, sont imprimées en caractères gothiques assez grossiers et sont bien inférieures à celles des imprimeurs du continent ses contemporains. Ce n'est qu'en 1498, qu'un normand, Julien Notaire, importa en Angleterre les types français.

Dans chaque pays, l'imprimerie, dès son origine, constata l'état de la civilisation dont les livres sont le miroir, et l'on peut dire que l'histoire de l'esprit humain est inscrite dans la bibliographie.

Les premiers livres imprimés en Allemagne sont presque totalement consacrés à la théologie et à la scolastique, tandis qu'à Paris l'ancienne littérature occupe le même rang que la théologie. En Italie, où le souvenir des lettres romaines avait conservé un grand empire, l'imprimerie reproduit de préférence les chefs-d'œuvre de l'ancienne littérature, pendant qu'à Rome, les papes Sixte V et Léon X fondent la célèbre imprimerie du Vatican, pour publier les œuvres des Pères, les saintes Écritures, et pour propager la foi catholique. En Angleterre, c'est la passion pour les récits chevaleresques qui domine tous les esprits : « Aussi sur les soixante-deux ouvrages imprimés par Caxton, la théologie n'en compte pas dix, et tout le reste est consacré à la chevalerie, à la littérature et à l'histoire plus ou moins romanesque. Aujourd'hui l'Angleterre inonde chaque année le monde de millions de Bibles et de Nouveaux Testaments traduits dans toutes les langues.

L'Espagne, qui est le premier pays d'Europe où fut inventé le papier, fut un des derniers qui jouit des bienfaits de l'imprimerie. Valence vit établir la première imprimerie dans ses murs en 1475, Séville l'année suivante, Salamanque et Tolède dix ans après, et Madrid seulement en 1499.

Le cardinal Ximénès fonda une imprimerie à Alcala, dans le couvent de Complute, en 1513, afin d'y faire imprimer la fameuse Bible polyglotte qu'il avait entreprise sous ses auspices de

Léon X. Cet ouvrage, en six volumes in-folio, ne coûta pas moins de 50,000 couronnes d'or. L'impression venait d'en être terminée, lorsque le cardinal mourut.

Ce n'est que plus de cent ans après son invention que l'imprimerie fut introduite en Russie, nation alors plongée dans l'ignorance et la barbarie.

Peu de temps après la découverte du Nouveau-Monde, des presses européennes furent transportées dans l'Amérique méridionale. Avant la fin du seizième siècle, un certain nombre de livres s'étaient imprimés au Mexique et au Pérou. Vers le milieu du dix-septième siècle, cet art était pratiqué dans l'Amérique du Nord.

La presse a étendu son empire depuis les rochers glacés de l'Islande jusque dans l'Australie; il n'existe plus maintenant que quelques contrées barbares de l'Afrique et de l'Asie où elle n'a pu pénétrer et porter le germe de la civilisation.

CHAPITRE VII

L'Imprimerie à Paris.

La découverte de l'imprimerie fut accueillie par les rois de France, comme un nouveau moyen d'accroître la gloire des lettres, dont ils furent toujours les protecteurs; bien que quelques-uns aient employé parfois, suivant les mœurs du temps, des moyens un peu rigoureux pour réprimer les abus de la presse.

L'art typographique fut établi à Paris en 1470, la même année qu'il le fut à Venise. Dès 1463, le roi Louis XI avait envoyé son maître des monnaies, Nicolas Jenson, habile graveur, à Mayence, pour y surprendre les secrets du nouvel art; mais, à son retour en France, Jenson ayant trouvé le royaume en proie aux troubles suscités par la ligue du Bien-Public et craignant pour sa sûreté, se rendit à Venise, où il fonda une imprimerie dont il grava lui-même les caractères.

Louis XI, en dépit de la réputation de ruse et de cruauté politique qu'on lui a faite, était un prince éclairé, ami des lettres et des sciences. Il concéda de nouveaux et plus amples priviléges à l'Université de Paris, accorda une école spéciale à la médecine, et rassembla le premier fonds de la bibliothèque impériale actuelle. Avant lui, on étudiait fort peu les chefs-d'œuvre de la langue latine; quant à la langue grecque, elle était entièrement inconnue. Louis XI attira et accueillit les savants étrangers et s'efforça de favoriser et de répandre l'instruction.

Paris, la capitale de la France, qui possédait l'Université la plus célèbre dans le monde entier, Paris ne tirait ses livres que du dépôt qu'y avaient établi les libraires mayençais. Ce fut dans cet état de choses que deux hommes généreux, encouragés par le roi Louis XI, conçurent le projet de doter la France des moyens de jouir par elle-même des bienfaits de l'imprimerie. L'un,

Jean Steinlin, connu en France sous le nom de La Pierre, était prieur de la Sorbonne et recteur de l'Université de Paris ; c'était l'un des hommes les plus savants de son époque. Le second, était Guillaume Fichet, docteur en théologie, recteur de la Sorbonne. Tous deux s'entendirent pour faire venir d'Allemagne des ouvriers typographes.

Sur leur appel, en 1469, trois ouvriers imprimeurs, qui travaillaient à Munster, vinrent à Paris et furent installés dans les bâtiments même de la Sorbonne. Ces trois ouvriers, qui avaient appris leur état à Mayence, se nommaient Ulrich Géring, Michel Friburger et Martin Krantz.

Ce fut au commencement de l'année 1470, la dixième du règne de Louis XI, qu'Ulrich Géring et ses compagnons commencèrent d'imprimer dans une des salles du collège de la Sorbonne. Les trois associés déployèrent une grande activité et beaucoup d'habileté dans leur art. Le premier ouvrage, sorti de leurs presses, fut les *Lettres de Gasparin de Bergame*, professeur de l'Université de Padoue, qui avait ramené en Italie le goût de la bonne latinité et de la saine littérature, et dont les ouvrages jouissaient alors d'une grande réputation.

Géring et ses associés, aidés, dirigés dans leurs travaux par les conseils des savants docteurs, mirent successivement sous presse les ouvrages des meilleurs historiens de l'antiquité ; le docteur La Pierre préparait les copies et prenait soin de la correction des épreuves.

En 1478, Michel Friburger et Martin Krantz retournèrent en Allemagne, mais Ulrich Géring resta jusqu'à sa mort, arrivée en 1510, l'imprimeur attitré de la Sorbonne et de l'Université. Ce premier imprimeur de Paris exerça pendant quarante ans, avec grand honneur, l'imprimerie, et vit s'élever autour de lui un grand nombre de presses, la plupart dirigées par des maîtres habiles qu'il avait formés.

Reconnaissant de la bienveillante protection et des bons conseils des docteurs de la Sorbonne et de l'hospitalité qu'il en avait reçue, Ulrich Géring, qui n'était pas marié, leur légua à sa mort une grande partie de sa fortune pour fonder des bourses. Il fit aussi des legs considérables aux pauvres écoliers du collège de Montagu.

Bertrand de Rembolt, de Strasbourg, qui, depuis 1498, était associé de Géring, continua à imprimer jusqu'en 1521.

Le nombre des imprimeurs à Paris s'accrut rapidement ; le

premier imprimeur français, Pasquier Bonhomme, s'établit en 1476 ; jusqu'alors tous les imprimeurs, établis à Paris, étaient allemands. Un des plus célèbres imprimeurs parisiens de cette époque est Antoine Verard qui, dès 1480, publia un grand nombre d'ouvrages dont les caractères gothiques sont très-beaux. Ses livres sur la chevalerie errante sont surtout remarquables ; ils sont imprimés sur vélin et décorés de belles miniatures. Tels sont le roman de *Lancelot du Lac*, les *Prophéties de Merlin*, le *Roman de la Rose*, etc.

La production des livres augmenta prodigieusement vers la fin du quinzième siècle. On cite un imprimeur libraire, Jean Petit, qui, déjà en 1490, occupait seul les presses de quinze confrères, et employait lui-même 250 ouvriers. Il livrait, dit-on, aux lecteurs 200 rames de papier par semaine ; ce qui prouve, non-seulement en faveur de son activité, mais encore de l'empressement du public à recueillir les bienfaits de la diffusion de l'instruction.

Les provinces françaises ne restèrent pas inactives dans ce mouvement général de la pensée écrite ; chacune voulut à son tour suivre l'exemple donné par la capitale. A la fin du quinzième siècle, l'imprimerie était établie dans toutes les villes ou les lettres étaient en honneur. La date de l'établissement d'une imprimerie dans une des villes de la France est un indice qu signale assez exactement le degré de civilisation de ses habitants.

Strasbourg vit paraître le premier livre imprimé dans ses murs en 1466 ; mais à cette époque Strasbourg était une ville allemande ; elle ne devint française qu'en 1648 sous la minorité de Louis XIV. C'est donc à l'antique Lutèce qu'appartient l'honneur d'avoir été la première ville française ou l'imprimerie fut établie.

Lyon a été la seconde. Ce fut en 1473, c'est-à-dire trois ans seulement après la capitale, qu'elle fut dotée d'une imprimerie.

Angers vit paraître son premier livre imprimé en 1477. Toulouse et Poitiers en 1478. Caen en 1480. Vienne (Dauphiné) en 1481 Metz en 1482. Puis Troyes, Rennes, Abbeville, Besançon, Orléans, Dijon, Angoulême, Bourges, Limoges, Tours, Avignon, Valenciennes, assistèrent aux débuts de l'imprimerie dans les dernières années du quinzième siècle. Aix attendit jusqu'en 1575 pourse donner un imprimeur, et Marseille dix ans plus tard.

Le savant Daunou a calculé que, pendant la période de quarante années qui s'écoula entre l'impression des premiers livres et la fin du quinzième siècle, il avait été publié environ 13,000 éditions; ce qui, en les supposant tirées à 300 exemplaires, comme c'était alors l'usage, et, en admettant même que chaque ouvrage ne fut composé que d'un seul volume, donnerait un total de près de 4 millions de volumes répandus en Europe en 1500. Sur ce nombre, il estime, que les ouvrages de scolastique et de religion forment au moins les six septièmes, et les ouvrages de littérature et de sciences diverses un septième seulement.

On donne le nom d'*incunables* à tous ces premiers produits de l'enfance de l'art, du mot latin *incunabula*, berceau.

La plupart de ces premières éditions sont d'une grande simplicité; on n'y voit ni chiffres de pages, ni signatures, ni titre courant. Les lettres initiales y sont le plus souvent faites à la main, enluminées en rouge ou en bleu. La forme des caractères est gothique. Le papier en est gris ou jaunâtre, mais d'une épaisseur et d'une force extraordinaires. Les marges sont fort larges, soit afin que les auteurs ou les lecteurs pussent y ajouter leurs remarques à la plume, soit pour que les possesseurs pussent les faire embellir d'ornements de diverses couleurs comme les anciens manuscrits.

CHAPITRE VIII

L'imprimerie en France depuis le seizième siècle.

Si le quinzième siècle peut s'enorgueillir à juste titre d'avoir
vu naître l'art précieux de la typographie, le seizième, nommé
siècle de la *Renaissance*, fut non-seulement l'ère des sciences,
des arts et des lettres, mais il fut encore la plus grande et la
plus illustre époque de la typographie.

C'est pendant ce siècle qui vit naître les Du Bellay, Erasme,
les Estienne, Dolet, Turnèbe, Marot, Rabelais, Marguerite de
Valois, Cujas, Ramus, Amiot, Montaigne et tant d'autres, que se
fait sentir la prodigieuse influence de l'imprimerie sur la civilisation et l'éclat littéraire qu'elle répandit sur la France.

L'émulation et l'accord des souverains de l'Europe à protéger
cette invention plus divine qu'humaine, suivant l'expression de
Louis XII; les ténèbres de l'ignorance dissipées presque soudai-
nement par la lumière des lettres grecques et latines; le concours
d'hommes supérieurs qui, à cette époque, consacrent à l'imprimerie leur vie, leurs talents et leur fortune, le besoin universel
d'instruction et d'amélioration sociale succédant à un long état
de désordre, d'agitation et de malaise, tout concourt au développement de cet art, qui seul pouvait répondre aux aspirations
nouvelles de l'humanité.

En Allemagne, Frédéric III avait, dès 1470, octroyé aux typographes de larges priviléges; il leur avait donné l'autorisation de
porter des robes brodées d'or et d'argent comme les chevaliers
et leur avait accordé des armes de noblesse. En France et en
Italie les souverains leur furent aussi favorables. Par lettres patentes, Louis XII et François Ier accordèrent aux imprimeurs de
nombreux priviléges et prérogatives; ils étaient exonérés d'im-
pôts, exempts du logement des gens de guerre et de tout service
militaire. Pas plus que le gentilhomme verrier ou papetier, le

gentilhomme typographe né dérogeait, leur profession étant complétement séparée des arts mécaniques.

Pendant que les Alde Manuce à Venise portaient à un si haut degré de perfection l'art typographique, les imprimeurs français luttaient à l'envi de zèle et de savoir.

A la tête de cette pléïade d'hommes célèbres, imprimeurs, libraires et savants, paraît la famille, on pourrait dire la dynastie des Estienne, qui régna pendant tout le seizième siècle par la science et par l'industrie, avec plus d'éclat que bien des familles royales. « Leurs travaux seuls, dit de Thou, ont plus fait pour l'honneur et la gloire de la France, que tous les hauts faits des plus fameux capitaines, que tous les arts de la paix. »

Henri Estienne, premier du nom, et chef de cette illustre famille d'imprimeurs, naquit vers 1470, d'une famille noble de Provence. Comme Gutenberg, il ne craignit pas de déroger à la noblesse de sa race pour exercer l'art typographique et, en 1502, bravant même l'exhérédation paternelle, il commença son établissement de libraire imprimeur à Paris, rue du Clos Bruneau, près des écoles de droit. Cent vingt-huit ouvrages sont catalogués comme étant sortis de ses presses.

Robert Estienne, son second fils, fut un des hommes les plus érudits de son temps; il possédait à fond le latin, le grec et l'hébreu; il avait épousé la fille du savant professeur Josse Badius, personne d'un rare mérite, qui enseigna elle-même le latin à ses enfants et à ses domestiques, de telle sorte que, dans cette docte maison, où se réunissait l'élite des savants, tout le monde parlait latin, jusqu'au dernier ouvrier.

Chaque année sortait de l'imprimerie de Robert Estienne quelque nouvelle édition d'auteur classique, supérieure à celles qui pouvaient déjà exister, soit par la pureté des textes, soit par l'importance des préfaces et commentaires qu'il y ajoutait. La correction des textes était l'objet de ses soins les plus minutieux; il affichait, dit-on, ses épreuves sur les murs des écoles, avec promesse d'une prime à ceux qui y signaleraient une faute. Il publia une Bible latine, qu'il enrichit d'annotations et de commentaires, et cet ouvrage, auquel il donna tous ses soins, est un des chefs-d'œuvre typographiques de cette époque. Mais, dès qu'elle parut, les intrigues et les persécutions de la Sorbonne éclatèrent contre lui avec un incroyable acharnement et il en eût été probablement victime sans la protection énergique de François Ier, qui voyait dans cet imprimeur une des illustrations de son règne.

A partir de ce moment, Robert Estienne se vit continuellement en butte aux persécutions des théologiens, qui ne voulaient pas que des laïques pussent commenter et vulgariser les Écritures.

Louis XI, malgré sa prudence et son astuce, n'avait pas prévu la révolution religieuse et politique renfermée dans l'imprimerie ; il avait cru que la main du pouvoir pourrait toujours arrêter et saisir la pensée humaine. Ce fut sous François Ier que les idées nouvelles se produisirent au grand jour. Le roi se montra tout d'abord tolérant pour la Réforme ; il aimait et estimait les savants qui, la plupart, embrassèrent, au moins en partie, les idées nouvelles ; tandis que les scolastiques, alors ennemis de la science et des innovations religieuses, lui inspiraient un mépris mêlé d'aversion. Plusieurs fois il arrêta les censures de la Sorbonne et les poursuites contre les écrits des libres penseurs. Mais, plus tard, l'exemple des excès commis en Allemagne, lui fit craindre que la Réforme en France ne conduisit la populace aux mêmes doctrines et aux mêmes excès. D'un autre côté, les intérêts de sa politique en Italie l'obligeaient à se faire un allié du pape, et il n'osa plus s'opposer aux rigueurs de la Sorbonne, qui, en 1529, condamna Louis Berquin, ami d'Erasme et de Robert Estienne, à être étranglé, puis brûlé sur la place Maubert.

Les exécutions se multiplièrent bientôt dans plusieurs villes, sous l'influence de la Sorbonne et des parlements, dont trop souvent, il est vrai, les réformés provoquèrent les rigueurs par un fanatisme intolérant.

Dès 1521, François Ier avait rendu une ordonnance, par laquelle il était défendu aux libraires d'imprimer, vendre et débiter aucun livre qui n'eût été auparavant examiné et approuvé par l'université et la Faculté de théologie. Les livres devaient de plus être soumis à l'approbation du prévot de Paris. Ces ordonnances furent renouvelées en 1529.

Les savants imprimeurs-auteurs de ce temps se soumirent difficilement à cette censure, et s'y refusèrent même parfois ; mais la Sorbonne, jalouse de ses droits, leur fit souvent payer cher leurs velléités d'indépendance, et ce fut dès lors une guerre déclarée.

La Sorbonne qui, à l'origine, avait tant favorisé l'imprimerie, effrayée de voir la doctrine de Luther se propager rapidement par les nombreux ouvrages qui se publiaient alors, malgré ses rigueurs, en vint à ce point de présenter au roi une requête, en 1533, remontrant fortement au souverain, que, s'il voulait sauver la religion attaquée et ébranlée de tous côtés, il était d'une indispensable nécessité *d'abolir pour toujours en France*, par un édit sévère, *l'art de l'imprimerie, qui enfantait tous les jours tant de livres hérétiques et pernicieux ;* et telle était alors l'influence de la Sorbonne, que son projet fut sur le point d'être réalisé. Mais Jean du Bellay, évêque de Paris, et le savant Guillaume Budé, membre de l'Université, parèrent heureusement le coup. Ils remontrèrent au roi, qui ne demandait pas mieux que de se laisser persuader, qu'en conservant un art si précieux, il pourrait plus efficacement remédier aux abus dont on se plaignait si fortement.

L'imprimerie ne fut pas supprimée, et François Ier se contenta de réduire le nombre des imprimeurs à douze ; lesquels seraient choisis et désignés par le parlement pour imprimer seuls à Paris les livres approuvés par la Sorbonne ; défendant à tous autres, *sur peine de la hart*, d'imprimer aucune chose.

Cependant, son goût pour les lettres fit bientôt départir le roi de cette sévérité. En 1538, par des lettres patentes adressées *à la république des lettres*, il confère au savant professeur Conrad Néobar le titre d'imprimeur royal pour le grec, et, peu après, à Robert Estienne, celui d'imprimeur royal pour le latin et l'hébreu. Cet édit se termine ainsi : « Et nous entendons qu'il soit à l'abri des méchants et de la malveillance des envieux, afin que le calme et la sécurité d'une vie paisible lui permettent de se livrer avec plus d'ardeur à ses graves occupations. »

La protection du roi, pour imprimer même en grec et en hébreu, était nécessaire. Les théologiens étaient hostiles à ce genre d'études, et l'on entendait à cette époque un moine prononcer en chaire ces étranges paroles : « On a découvert une nouvelle langue qu'on appelle grecque, il faut s'en garantir comme de la peste ; car cette langue enfante toutes les hérésies ; quant à la langue hébraïque, quiconque l'apprend devient juif aussitôt (GAILLARD. *Hist. de François Ier*). »

On comprend que des savants tels qu'Erasme, Robert Estienne, Dolet, se révoltassent contre une pareille ignorance et refusassent de se soumettre sans appel aux décisions des théologiens. Aussi, était-ce de la part de ceux-ci une haine et des persécutions sans bornes.

« Avisez, écrivait le docteur Passavant de la Faculté de théologie au père Guiancourt, confesseur du roi, avisez que Robert Estienne soit condamné comme hérétique et qu'il n'échappe pas.

Qu'il ne soit pas dit qu'un homme *mécanique* ait vaincu le collége des théologiens. »

Cependant, Robert Estienne leur échappa; tant qu'il fut imprimeur du roi, il resta près de ce prince, bien que inquiété et accusé d'hérésie à plusieurs reprises, pour les éditions de la *Bible* qu'il avait traduite lui-même du grec ou de l'hébreu.

Ce fut au milieu de toutes ces agitations si périlleuses, que Robert Estienne publia son *Thesaurus linguæ latinæ*, œuvre d'une immense érudition, et pour laquelle il fit d'énormes sacrifices. Son titre d'imprimeur royal et l'affection du prince le protégèrent quelque temps contre l'animosité de la Sorbonne; mais François Ier vint à mourir, et les persécutions s'aggravèrent. Prévoyant les suites inévitables de cette incessante inimitié, et ne trouvant pas dans le bon vouloir de Henri II une garantie suffisante, Robert Estienne comprit qu'il était prudent de quitter la France. Il se retira à Genève avec sa famille en 1552, et y abjura le catholicisme.

Moins heureux que Robert, Dolet paya de sa vie ses doctes railleries contre l'ignorance et l'intolérance de ses ennemis. Bon père de famille, savant érudit, poëte élégant, aussi bien en latin qu'en français, philosophe, mais chrétien dévoué à l'ancienne foi de ses pères, comme il le déclare dans tous ses écrits, Etienne Dolet aurait dû voir s'écouler paisiblement sa vie dans la culture des muses, les travaux de son imprimerie et le commerce de ses doctes amis Guillaume Budé, Clément Marot, Rabelais, etc. Emprisonné une première fois, il parvint à s'échapper en Piémont, d'où il écrivit au roi François Ier qui fit casser l'arrêt qui le condamnait comme fauteur de doctrines perverses et hérétiques.

Averti de cette sourde haine, Dolet devait se taire complétement ou, comme l'avaient fait ses amis, Marot et Robert Estienne, quitter la France. Mais fort de sa conscience et bravant les périls, il revint dans sa patrie et continua d'écrire. C'est où l'attendaient ses ennemis, en tête desquels se trouvait le président Lizet, homme habile qui se faisait fort de faire pendre un homme s'il possédait trois lignes de son écriture.

L'infortuné Dolet lui en fournit plus qu'il n'en demandait. Ayant traduit du grec les *Dialogues de Platon*, où il fait dire à Socrate : « La mort ne peut rien sur toi, car tu n'es pas encore près de décéder, et quand tu seras décédé, elle n'y pourra davantage, attendu que tu ne seras plus rien du tout. »

6.

L'ouvrage fut déféré à la censure qui, voyant ou feignant de voir dans ces paroles « *quand tu seras décédé tu ne seras plus rien du tout* » la négation de l'immortalité de l'âme, déclara le malheureux Dolet atteint et convaincu d'être athée relaps, et comme tel, le condamna à être pendu et brûlé en la place Maubert « où serait dressée et plantée au lieu le plus commode et convenable, dit la sentence, une potence, à l'entour de laquelle serait fait un grand feu, auquel son corps serait jeté et bruslé avec ses livres. » Et ainsi fut fait.

C'est en ce même lieu commode et convenable qu'avait été pendu et brûlé Louis Berguin, quinze ans avant, et que fut pendu et brûlé Jean Morel, quinze ans après (1559). Et beaucoup d'autres subirent le même sort.

Voilà quel était dans ce bon vieux temps la liberté de la presse, qui prit bien sa revanche, il faut le dire, quelques années après.

Les successeurs de François Iᵉʳ et de Henri II, François II et Charles IX augmentèrent encore les rigueurs contre les imprimeurs et les libraires.

Par lettres patentes de mars 1860, le roi Charles IX continuait aux imprimeurs toutes les grâces, faveurs, droits, priviléges, libertés, franchises, exemptions, etc., octroyées et concédées par les rois, ses prédécesseurs ; mais, en même temps, le roi-poète lançait une ordonnance qui condamnait tous imprimeurs, semeurs et vendeurs de placards et libelles, et il faisait pendre et brûler vif un malheureux libraire, Martin Lhomme, accusé et convaincu d'avoir débité une satire contre les Guises. Et deux ans après, le savant et infortuné Augustin Martorat était pendu à Rouen, par ordre de François de Guise.

Ces rigueurs n'arrêtèrent cependant pas la verve des réformés, car, en 1565, fut répandu dans Paris un sanglant pamphlet intitulé : *le Discours merveilleux de la vie, actions et déportements de Catherine de Médicis, royne-mère, auquel sont récitez les moyens qu'elle a tenus pour usurper le gouvernement du royaume de France et ruiner l'Etat d'iceluy.* Ce pamphlet, sans nom de lieu ni d'imprimeur, comme on le pense bien, est attribué à Théodore de Bèze, ce hardi prédicateur, qu'on vit à la bataille de Dreux à la tête des troupes protestantes, armé de toutes pièces. Plusieurs auteurs contemporains assurent qu'après s'être fait lire l'ouvrage, Catherine dit : que si l'auteur l'avait consultée, il aurait pu en raconter bien d'autres ; paroles bien dignes de celle qui devait concevoir et faire exécuter le crime exécrable de la Saint-Barthélemy.

Ce fut l'année de cette journée fatale (1872), au milieu des circonstances les plus difficiles, que Henri Estienne, fils de Robert Estienne, fit paraître le *Thesaurus Græcæ linguæ*, monument d'une prodigieuse érudition. Cet immense travail qui dépassait les moyens financiers d'Estienne, fit à la fois sa gloire et sa ruine. L'excès des veilles le fit vieillir avant le temps. « Mais la perte de mes biens et de ma jeunesse me touchent peu, dit-il au lecteur, si mon travail obtient ton estime. » Nobles paroles, dignes du fils de Robert Estienne. Non moins que son père, il fut dévoué à l'amour de l'étude, il eut le même enthousiasme pour l'art, la même foi politique et religieuse. Tous deux, par leurs travaux, leur probité et leur zèle surhumain, ont élevé la typographie à la dignité d'un sacerdoce.

Henri Estienne a laissé, outre son *Trésor de la langue grecque*, qui aurait suffi à la gloire d'un homme, une magnifique édition des poëtes grecs, véritable chef-d'œuvre typographique, et plusieurs ouvrages estimés sur la *Précellence de la langue française*. Mais, dans un âge assez avancé, Henri Estienne, ruiné par son désintéressement, persécuté pour ses opinions religieuses, et l'esprit aliéné enfin par ses immenses travaux, alla mourir dans un hôpital à Lyon.

Après la mort de Charles IX, la licence des écrivains se donna carrière, et bientôt l'audace des imprimeurs et des libraires ne connut plus de bornes; pamphlets et libelles parurent par centaines et par milliers.

A ce propos, l'Estoile dit dans ses mémoires : « Il est aussi peu en la puissance de toute la faculté d'engarder la liberté française de parler, que d'enfouir le soleil en terre ou l'enfermer dans un trou. » — De nombreux écrits satiriques furent publiés contre Henri III et ses mignons, « dont certains, dit l'Estoile, si vilains, scandaleus et meschants, comme descrivans une cour de Sodôme... »

Les caricatures n'étaient pas moins nombreuses que le pamphlets, et elles n'étaient ni moins hardies ni moins licencieuses; elles étaient même plus redoutables, en ce qu'elles frappaient vivement l'imagination des masses qui ne savaient pas lire.

Quelques-uns de leurs auteurs fut pris et brûlés en Grève, et Henri Estienne lui-même fut obligé de s'enfuir de Paris. Il se réfugia dans les montagnes d'Auvergne, alors couvertes de neige, et dit plaisamment qu'il n'avait jamais eu aussi froid que le jour où on le brûla en effigie sur la place de Grève.

Nous citerons encore parmi les nombreux imprimeurs du quatorzième siècle Turnèbe et les Morel, qui se distinguèrent non moins par leur vaste érudition que par le zèle et le talent avec lequel ils exercèrent leur profession d'imprimeur; Geoffroy Tory, poëte, historien, dessinateur, graveur et fondeur; Robert Estienne III, fils de Henri Estienne, poëte et traducteur du roi pour les langues grecque et latine, ainsi que son frère Paul Estienne qui se distingua par son érudition et par les excellentes éditions qu'il publia et enrichit de ses commentaires.

Grâce à l'activité, à l'intelligence, au savoir de ces hommes d'élite, l'imprimerie et la librairie prirent d'immenses développements. La forme agréable des caractères, la qualité de l'encre et du papier, l'élégance et la richesse des ornements, la correction du texte, donnèrent aux éditions de Paris une grande supériorité sur celles des autres villes et les firent rechercher à l'étranger.

Pendant ce siècle, la Bibliothèque royale vit augmenter considérablement ses richesses. François Ier, qui aimait et cultivait les lettres, fit venir à grands frais de Grèce et d'Italie les ouvrages des poëtes et des historiens les plus célèbres de l'antiquité et les fit reproduire par les imprimeurs royaux.

Par ordonnance de 1556, Henri II exigea qu'un exemplaire imprimé sur vélin, de tout livre autorisé, fut remis à la Bibliothèque royale. Cette ordonnance, due, dit-on, à Diane de Poitiers, qui aimait beaucoup les beaux livres, et qui continua à être en vigueur sous les successeurs de Henri II, ne contribua pas peu à enrichir cette bibliothèque unique au monde par ses trésors.

Le développement de l'imprimerie, un moment entravé au seizième siècle par le fanatisme religieux, reprit tout son éclat au dix-septième. Le domaine de la pensée s'agrandit, le goût de l'instruction se généralisa; partout, dans toutes les classes de la société, la lumière se fit.

Depuis l'avènement de Henri IV jusqu'à la mort de Louis XIV, les ordonnances relatives à l'imprimerie et à la librairie n'apportèrent que fort peu de modifications à la législation établie précédemment.

Henri IV se montra fort tolérant; sous son règne, les mesures de rigueur ne furent point appliquées, et les pamphlétaires n'en abusèrent pas trop. Sous la régence de Marie de Médicis, les presses de Paris attisèrent le feu de la guerre des princes contre les Concini et de Luynes. Quelques-uns même s'essayèrent contre l'évêque de Luçon, plus tard cardinal de Richelieu.

Par édit du mois d'août 1624, Louis XIII crée quatre censeurs royaux et fait défense aux imprimeurs d'imprimer, comme à tout libraire de vendre aucun livre dépourvu de l'attestation et approbation des censeurs, sous peine de trois mille livres d'amende.

Cette censure n'atteignit pas son but, et ce qu'elle offre de curieux, c'est que le premier de ces censeurs royaux, Mellin de Saint-Gelais, et l'un des derniers, Crébillon fils, sont justement deux de ces écrivains licencieux, dont les œuvres auraient le plus mérité de passer par le creuset légal remis entre leurs mains.

Sous le ministère de Mazarin, le nombre des pamphlets fut tellement considérable qu'ils en prirent le nom de *mazarinades*. « C'était comme essaims de mouches et frelons qu'auraient engendrés les plus fortes chaleurs de l'été, » dit un auteur du temps. La bibliothèque des Chartes en possède une collection de cent quarante volumes in-4°. C'est Paris qui a mis sur pied cette armée de libelles. Non-seulement Mazarin ne s'en effrayait pas ; mais, si l'on en croit certains écrivains contemporains, le rusé ministre en faisait faire lui-même.

Au commencement du siècle, un célèbre graveur, Guillaume de Bé, établit la première fonderie de caractères particulière de France. Jean Guigniard, Georges Josse et Sébastien Cramoisy furent les premiers imprimeurs-éditeurs de l'époque. Ce dernier surtout publia une quantité considérable d'ouvrages latins, grecs, français, et se distingua par la beauté et la correction de ses éditions. Lorsque Louis XIII, agissant sous l'inspiration du cardinal de Richelieu, fonda au Louvre une imprimerie royale (1640), ce fut Sébastien Cramoisy à qui l'on en confia la direction. Ce magnifique établissement fut fondé pour propager la foi catholique en Orient, et destiné à imprimer des livres pour être remis gratuitement aux missionnaires. Les frais de l'imprimerie royale montaient alors à trois cents soixante mille livres. Le premier ouvrage qu'on y imprima est l'*Imitation de Jésus-Christ* en latin, in-folio.

Ce fut vers cette époque (1631), que parut *La Gazette*, mère de tous les journaux français. Elle fut établie par Théophraste

Renaudot, médecin de Paris, qui ramassait de tous côtés des nouvelles pour amuser ses malades. Il imagina bientôt de spéculer plus largement sur la curiosité publique en vendant ces mêmes nouvelles à ceux qui se portaient bien. Renaudot obtint la protection du cardinal de Richelieu; il devint conseiller médecin du roi, qui lui accorda pour sa feuille un privilége. Il eut la vogue et gagna beaucoup d'argent.

Avant la feuille de Renaudot, avait paru à Venise un espèce de journal que l'on appelait gazette, du nom d'une petite pièce de monnaie (*gazetta*) qu'on payait pour le lire.

La feuille de Renaudot était hebdomadaire, composée de huit à douze pages petit in-4°. Richelieu fit de cette feuille un instrument de sa politique; il y rédigeait des articles, y faisait insérer des traités de paix et des notes diplomatiques, quand leur publicité pouvait servir ses vues; aussi la gazette contient-elle des matériaux utiles pour l'histoire du règne de Louis XIII. Renaudot fut encore plus avant dans les bonnes grâces de Mazarin qu'il n'avait été dans celles de Richelieu; cette faveur lui attira souvent les traits piquants des pamphlétaires de la Fronde.

L'un de ces libelles a pour titre : *Le nez pourri de Théophraste Renaudot, grand gazettier de France et espion de Mazarin.* La gazette passa au fils et au petit-fils de son fondateur et pendant un siècle conserva son format et sa publication hebdomadaire; elle devint plus tard la *Gazette de France.*

L'un des monuments les plus remarquables de la typographie au dix-septième siècle, est la Bible polyglotte en sept langues : l'hébreu, le samaritain, le chaldéen, le grec, le syriaque, le latin et l'arabe que fit imprimer à ses frais le président Le Jay, par l'imprimeur du roi Antoine Vitré. Cet ouvrage qui demanda dix-sept ans de travaux, parut en 1648. Le président Le Jay qui avait sacrifié à ce grand ouvrage cent mille écus, se trouvant complétement ruiné se fit ecclésiastique et préféra supporter la misère, plutôt que d'attacher à sa polyglotte le nom du cardinal de Richelieu, qui lui offrait à cette condition le remboursement de tous les frais.

Sous Louis XIV, les ordonnances contre les imprimeurs et vendeurs de libelles furent remises en vigueur; le nombre des pamphlets diminua beaucoup, mais ils furent plus violents et plus passionnés. Ils venaient la plupart de Hollande, où notre conquête avait laissé de sanglants souvenirs et où s'étaient réfugiés les écrivains protestants chassés de France par la révocation de l'édit de Nantes. Quelques auteurs payèrent cher leurs satires : c'est ainsi que Chavigny, auteur du *Cochon mitré*, libelle dirigé contre l'archevêque de Reims Le Tellier, frère de Louvois, s'était réfugié en Hollande ; mais ayant eu la maladresse de se laisser séduire et attirer sur les frontières de France par un espion du ministre, il fut arrêté et enfermé au mont Saint-Michel, dans une cage de fer, où il vécut 30 ans.

Le lieutenant de police, M. de la Reynie, fit pendre en Grève, après leur avoir fait appliquer la torture, un imprimeur et trois garçons libraires convaincus d'avoir propagé un libelle sur le mariage secret du roi avec madame de Maintenon, ayant pour titre l'*Ombre de Scarron*. Plusieurs imprimeurs et libraires, fauteurs de libelles en furent quittes pour les galères.

L'imprimerie et tout ce qui touchait à la librairie avait beaucoup perdu sous le grand roi. Ce n'était plus ce zèle désintéressé, cette noble émulation qui distinguait les imprimeurs de la renaissance. L'amour du beau commençait déjà à être remplacé par l'amour du lucre. Un édit de Louis XIV de 1649 nous en fournit la preuve :

« Reconnaissant les grands désordres qui se sont introduits en l'imprimerie, et qu'au préjudice de nos règlements, on reçoit tous les jours en cette profession des personnes incapables de l'exercer.... qu'on imprime à Paris si peu de bons livres, et que ce qui s'en imprime paraît si manifestement négligé pour le mauvais papier qu'on y emploie et pour le peu de correction qu'on y apporte, que nous pouvons dire que c'est une espèce de honte et un grand dommage à notre état.... que ces grands abus se sont introduits par l'incapacité des maîtres, qui a procédé de leur trop grand nombre et du peu d'intelligence qu'ont entre eux les imprimeurs et les libraires de notre royaume.... Pour les faire cesser et mettre le plus beau et le plus utile de tous les arts en son lustre, nous nous sommes fait représenter les ordonnances des rois nos prédécesseurs, lesquelles vues.... nous avons résolu de les faire étroitement observer, etc. »

Quelques imprimeurs de cette époque sont cependant encore dignes de remarque par leur savoir et le soin avec lequel ils exerçaient leur profession. Tels sont entre autres Pierre Rocolet, syndic de la communauté des libraires et imprimeur du roi, à qui Louis XIV donna comme marque d'estime une médaille et une chaîne d'or ; Louis Bilaine qui savait le grec, le latin, l'espagnol et l'italien, et qui enrichit ses livres de préfaces et de notes. Ce fut lui qui publia le *Glossaire* de Du Cange et la *Diplomatique* du P. Mabillon ; Louis Thiboust, imprimeur de l'université, qui composa un poëme latin sur la typographie ; enfin Pierre-le-Petit qui imprima en 1694 la première édition du *Dictionnaire de l'Académie française.*

À partir du dix-huitième siècle, toutes les villes un peu importantes eurent des imprimeries, et le nombre en devint même si considérable, qu'un arrêt du conseil en supprima cinquante ; le nombre en fut réduit à trente-six pour Paris et à deux cent quatorze pour toute la France.

Le roi Louis XV avait le goût de l'imprimerie, comme plus tard Louis XVI eut celui de la serrurerie. Il composa et imprima lui-même, en 1718, un ouvrage intitulé : *Cours des principaux fleuves et rivières de l'Europe*, in-octavo, et confia au chancelier d'Aguesseau le soin de rédiger un nouveau règlement pour la librairie et l'imprimerie de Paris.

Quant aux mesures répressives, elles furent à peu près les mêmes. L'histoire de la liberté de la presse, au dix-huitième siècle, n'offre guère que la répétition de ce que l'on avait vu au dix-septième. Le despotisme absolu qui pesa alors sur la France livrait sans défense les écrivains et les imprimeurs à la vengeance du pouvoir ou des hommes qui avaient quelque crédit. Le moindre écrit, comme la moindre parole, motivait une lettre de cachet qui ouvrait les portes de la Bastille et quelquefois pour longtemps. Et, comme on l'a dit, il n'était pas permis d'imprimer qu'on avait perdu un chien, sans que la police se fût assurée qu'il n'y avait dans le signalement de la pauvre bête, aucune proposition contraire aux bonnes mœurs et à la religion.

C'est au commencement de ce siècle que paraît la famille illustre des Didot, dignes continuateurs des Estienne. Les divers membres de cette famille, qui jouit encore de nos jours d'une renommée glorieuse, se distinguèrent non moins par leur savoir que par le soin et l'habileté avec lesquels ils pratiquèrent leur art. Les perfectionnements qu'ils y ont apportés et les chefs-d'œuvre que leurs presses ont fait éclore, ont porté l'art typographique à l'apogée de sa splendeur.

Le fondateur de cette dynastie, François Didot, fils de Denys Didot, marchand de Paris, fut reçu libraire en 1713, puis imprimeur. Il fut l'ami intime de l'abbé Prévost, et publia tous ses ouvrages. L'abbé Bernis fut dans sa jeunesse employé chez lui comme correcteur.

En 1751, parut le premier volume de la grande *Encyclopédie*, imprimée et mise en ordre par Diderot et d'Alembert, vingt-huit volumes in-folio dont le dernier volume est de 1772.

François-Ambroise Didot, imprimeur du roi et du clergé, perfectionna non-seulement la typographie, mais encore la fabrication du papier; il inventa la presse à un seul coup, régularisa la force de corps des lettres, et fit graver une nouvelle série de caractères par son fils, Firmin Didot, habile graveur et fondeur. Il fit venir de Hollande des ouvriers pour fabriquer les cylindres à broyer les chiffons, et fit le premier, en France, exécuter le papier vélin. Ses belles éditions jouissent d'une juste célébrité; on lui doit la collection du comte d'Artois et celle des classiques français, imprimée par ordre de Louis XVI pour l'éducation du Dauphin, *ad usum Delphini*.

En 1790, Benjamin Franklin vint visiter son imprimerie, et lui confia son petit-fils, auquel Firmin Didot enseigna la gravure et la fonte des caractères. Son second fils, Pierre-François Didot, est le créateur de la papeterie d'Essonne, où, plus tard, un de ses petits-fils introduisit la machine à papier sans fin.

En 1784, parut le premier volume de l'édition complète des *OEuvres de Voltaire*, publiée à Kehl par Beaumarchais. Ce riche et spirituel écrivain, voulant répandre les *OEuvres de Voltaire*, et élever en même temps un monument grandiose à l'auteur, loua pour dix-huit mois le fort de Kehl sur le Rhin, afin d'y réunir les ouvriers qu'il fit venir en partie de Suisse et d'Allemagne, et y être plus en sûreté contre les persécutions. Il fit reconstruire exprès, dans les Vosges, d'anciennes papeteries qui rivalisèrent bientôt avec celles de Hollande, et qui conservent encore leur célébrité. Beaumarchais consacra plus de trois millions à cette entreprise, la plus vaste et la plus coûteuse peut-être qui ait jamais été faite en librairie, surtout en un si court espace de temps. Les soixante-dix volumes furent imprimés en six ans (1784—89), et il en fut imprimé vingt-huit mille exemplaire sur deux éditions différentes, l'une in-octavo, l'autre in-douze; et afin de rendre cet ouvrage accessible à toutes les fortunes, on tira, sur chacun de ces formats différentes sortes de papiers. Condorcet fut chargé de la rédaction des notes.

Enfin, la Constitution du 14 septembre 1791 proclama la liberté de la presse : « La Constitution, dit l'art. 5, garantit à tout homme la liberté d'écrire, d'imprimer et publier ses pensées, sans que ses écrits puissent être soumis à ucune censure ni inspection avant leur publication. »

En août 1792, Marat fit enlever de l'imprimerie nationale, — ex-royale, — au nom de la Commune de Paris, quatre presses avec les accessoires nécessaires, pour l'impression de ses pamphlets révolutionnaires. Ce ne fut pas l'un des contrastes les moins bizarres de cette époque, que de voir les types de Louis XIV servir ainsi à l'impression des brochures les plus démagogiques,

TROISIÈME PARTIE

LA FILATURE, LA PAPETERIE ET L'IMPRIMERIE MODERNES

CHAPITRE Ier

Un chapitre de botanique.

Si vous prenez une plante, une des plus simples, une plante herbacée par exemple, vous y remarquerez tout d'abord deux formes bien distinctes : la forme ronde et la forme plate. La première, qui semble constituer le corps de la plante, est la tige ; la seconde appartient aux feuilles disposées le long de la tige ou de ses rameaux.

Cette partie ronde présente deux aspects différents ; la partie pourvue de feuilles est verte, se ramifie de bas en haut en s'amincissant à mesure qu'elle monte, de sorte que son point le plus volumineux touche le sol : c'est la tige ; la partie inférieure dépourvue de feuilles est souterraine, pâle, se ramifie de haut en bas et s'amincit à mesure qu'elle s'enfonce en terre : c'est la racine. Il en résulte deux corps rameux, s'appliquant l'un contre l'autre par leur portion la plus élargie et se développant en sens inverse ; ces deux corps, dont l'un, supérieur, tend toujours à monter, et l'autre, inférieur, tend toujours à descendre, constituent l'axe végétal.

Si vous fendez cet axe dans sa longueur, vous verrez qu'il se compose de filets blancs, tenaces, placés les uns à côté des autres, et formant des faisceaux plus difficiles à rompre en travers qu'à séparer longitudinalement. Entre ces fibres est répandue une matière molle, spongieuse, plus ou moins verte ou blanche, suivant l'âge des rameaux. Ces filets blancs, tenaces, sont les *fibres*, qui forment la partie solide du végétal, et la matière molle et spongieuse est le parenchyme ou tissu cellulaire de la plante.

Si, à l'aide d'un instrument grossissant, d'un microscope, nous examinons cette pulpe intérieure, nous aurons sous les yeux une figure qui nous rappellera assez exactement le merveilleux travail des abeilles, c'est-à-dire une succession de petites chambres, de cellules formées par une membrane mince et transparente et collées les unes aux autres par leurs parois, de manière à former un tissu solide ; chacune d'elles est remplie d'eau dans laquelle nagent des petits grains d'une matière blanche. Ces grains sont de la fécule ou de l'amidon.

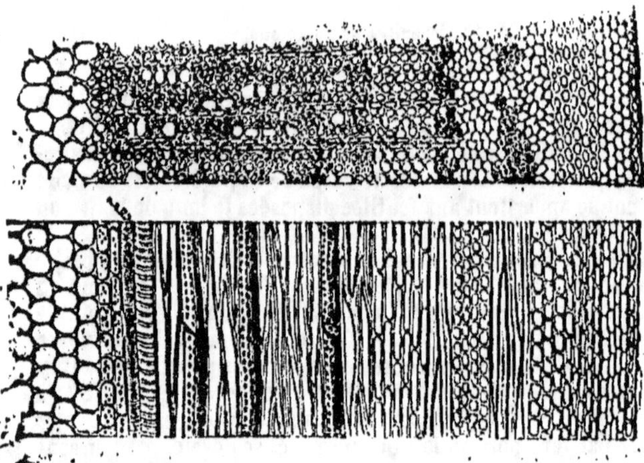

Fig. 17. — Tissu cellulaire. —Coupe transversale et perpendiculaire.

Dans toutes les plantes, l'organe élémentaire est un tout petit globule, une cellule qui, empilée par myriades et myriades, forme toutes les parties du végétal. Dans le tissu cellulaire proprement dit, ou parenchyme, les cellules conservent leur forme ovoïde, mais, dans d'autres circonstances, ces cellules prennent une forme très-allongée, ou elles s'ajustent bout à bout, s'ouvrant aux extrémités pour communiquer entre elles, et constituent ainsi des canaux plus ou moins longs, comme des cheveux, mais plus fins encore ; ce sont les fibres et les vaisseaux. Comme ces fibres ont pour but de consolider l'édifice végétal, elles s'encroûtent d'une matière dure connue sous le nom de ligneux et constituent le bois.

Quelque soit leur forme, leur transparence ou leur aspect, cellules ou fibres sont formées de la même substance, la *cellulose*. Toutes les parties de la plante, tige, feuilles, fleurs, fruits, écorce, bois ou moelle, sont toujours formées de cellules ou de fibres, et, par conséquent, le fond de la structure est toujours de la cellulose.

Les végétaux puisent leur nourriture à la fois dans l'atmosphère et dans le sol; dans l'atmosphère par les feuilles, et dans le sol par les racines, et mélangeant, associant, combinant les matières premières arrivées par ces deux voies, ils préparent la purée gommeuse, la sève qui les nourrit, et c'est avec la sève que la plante fait ses cellules; ce sont les moellons de l'édifice végétal.

C'est aux frais de la sève que, dans les végétaux, se forme chaque année, entre l'écorce et les couches ligneuses, une mince enveloppe, une dentelle qui se superpose à l'intérieur des autres. De là résulte pour cette partie interne de l'écorce, la contexture feuilletée qui l'a fait comparer à un livre et lui a valu le nom de *liber*.

Les fibres du liber sont longues, souples et tenaces, et la réunion de ces qualités nous les rend précieuses pour notre usage personnel. Nous nous habillons avec les dépouilles de la plante. Les tissus de luxe, batiste, tulle, gaze, dentelles, sont empruntées à l'écorce du lin; les tissus plus forts, jusqu'à la toile à voile, sont retirés de l'écorce du chanvre. Quant au cotonnier, ce premier des filateurs, il ne tient pas ses fibres textiles dans sa tige, mais bien dans la coque de ses fruits. Le coton n'est que de la cellulose d'une grande pureté; il est formé de filaments celluleux d'une blancheur parfaite et exempts de toute matière étrangère. Celle, au contraire, qui forme le bois, le tronc des arbres, est la moins pure de toutes, et, dans certains bois lourds et durs, comme le chêne, la matière incrustante est plus abondante que la cellulose. Les bois blancs et légers, tels que le bouleau, le peuplier, sont plus riches en cellulose.

La cellulose est une substance insoluble, résistante, presque inaltérable. Les acides les plus violents ont seuls une action sur elle; l'acide sulfurique la transforme en sucre, l'acide nitrique en fulmicoton. Il faut donc une puissante action pour modifier la cellulose ; c'est une matière qui résiste énergiquement à toutes les causes de destruction. Cette inaltérabilité est providentielle, ses qualités la rendent propre à une foule d'usages ; mais il faut pour cela la débarrasser des matières qui l'encroûtent et altèrent sa blancheur naturelle. On arrive à ce but par des battages, des lessivages et par l'action de certains agents chimiques.

Les fibres qu'elle forme donnent alors la filasse qui, transformée en fils, sert à faire les dentelles et cette grande variété de tissus qui portent le nom de toiles.

Ces tissus servent à une foule d'usages et sont soumis à de nombreuses causes de destruction ; lessivages avec la cendre corrosive, contact avec l'acreté du savon, coups de battoir, exposition au soleil, à l'air, à la pluie. Enfin les voilà déchirés en lambeaux, tachés, souillés d'impuretés de toutes sortes, jetés au coin de la borne comme inutiles. Mais alors ces débris, ces haillons, jugés inutiles, deviennent la matière première d'une nouvelle source d'industrie. Ramassés parmi les immondices de la rue par le chiffonnier, on les soumet de nouveau à de rudes lessivages ; ils en ont besoin. Les machines s'en emparent, des griffes d'acier les cisaillent, les déchirent ; des cylindres les triturent, les broient dans l'eau, les réduisent en purée. La bouillie est grise, il faut la blanchir ; l'on fait alors intervenir de violentes drogues qui altèrent ce qu'elles touchent, et en moins de rien la font blanche comme la neige.

La voilà revenue à l'état de fibres végétales, de cellulose pure. Ces fibres, unies et entrecroisées par le feutrage qu'on fait subir à la pâte, donnent ces feuilles blanches si souples et si solides qui constituent le papier.

La toile et le papier ne sont donc que de la cellulose.

CHAPITRE II

Matières textiles. — Le lin et le chanvre.

Les tiges de presque toutes les plantes et les poils de la plupart des animaux sont susceptibles d'être transformés en filaments textiles. Cependant, le nombre des matières premières employées avec avantage par l'industrie des tissus est assez limité. Il se borne en Europe, pour les végétaux, au coton, au lin, au chanvre, au genêt, et, subsidiairement, au phormium tenax, au jute, au china-grass, à l'ortie blanche de Chine, à l'Abacca, et à quelques autres plantes des Indes. Quant aux matières textiles fournies par le règne animal, telles que les laines et les soies, nous n'avons pas à nous en occuper ici puisqu'elles n'entrent pas dans la fabrication du papier.

Rien n'est plus joli à voir qu'un champ de lin, dont la surface ondule en flots d'azur au moindre souffle du vent.

Pris individuellement, le lin commun est une plante annuelle, qui croît spontanément dans nos champs; sa tige haute de six à sept décimètres est grêle, droite, cylindrique, branchue vers le sommet seulement; les feuilles, placées alternativement le long de sa tige, sont allongées, étroites et pointues. Ses fleurs, d'un beau bleu tendre, naissent au sommet de la tige; elles sont composées de cinq feuilles ou pétales disposées en œillet dans un calice à cinq feuilles aiguës. Ces fleurs, très-fugaces, s'épanouissent au mois de mai et juin. A la fleur succède un fruit presque sphérique, de la grosseur d'un pois chiche, divisé en dix logettes dont chacune renferme une graine oblongue, aplatie, luisante, de couleur fauve purpurine.

Le lin est l'objet de cultures très-importantes, surtout dans le nord de la France et en Belgique. Sa culture offre peu de difficultés; il lui faut cependant une terre légère, bien préparée, et ameublie. On le sème à la volée, presque toujours au printemps, en mars, quelquefois en septembre; mais les deux récoltes se font presque en même temps; on arrache le lin d'automne au commencement de juin et quinze jours après le lin de printemps. Cet arrachage a lieu lorsque la plante, après avoir accompli les diverses phases de la végétation, commence à durcir; elle prend alors une teinte voisine de la couleur du citron; on déracine par un temps sec et on dépose les tiges sur le sol, par petits paquets, pour sécher complétement, puis on en extrait la graine au moyen de la mailloche, ou simplement en froissant l'extrémité des tiges avec la main.

Le lin est précieux non-seulement par les produits que l'on tire de ses fibres, mais encore par ceux que donnent ses graines. On fait de celles-ci, en médecine, un usage très-fréquent et une énorme consommation. En effet, outre l'huile grasse qu'elles contiennent en abondance et qui est employée à une foule d'usages dans les arts et l'industrie, elles renferment une quantité très-considérable de mucilage, et leur décoction dans l'eau est employée avec le plus grand succès dans tous les cas d'inflammation. Les tourteaux ou résidus de ces graines dont on a extrait l'huile, servent encore à engraisser les bestiaux. Mais il n'entre pas dans notre cadre de nous étendre sur ces propriétés.

On voit souvent le lin mentionné dans l'écriture sainte, et Moïse nous apprend qu'on le cultivait en Egypte de temps immémorial; c'est ce que nous démontrent d'ailleurs les bandelettes de lin dont sont enveloppées les momies égyptiennes. De son côté, Hérodote, ce véridique observateur, nous dit que les Assyriens et les Egyptiens portaient une tunique de lin sous un manteau de laine. Lorsque les Romains conquirent l'Egypte, ils adoptèrent plusieurs de leurs coutumes et les toiles de lin se répandirent en Italie. Pline rapporte que les Germains cultivaient le lin et en faisaient de belles toiles. Sa culture et sa préparation étaient du domaine des femmes. Cependant, les toiles de lin furent longtemps rares et coûteuses, surtout en France, puisque l'on sait que c'est la reine Isabeau de Bavière qui, la première, ne se contentant pas de chemises de serge en usage de son temps, se donna le luxe de posséder deux chemises de toile de lin; ce qu'on lui reprocha comme une prodigalité inouïe. Vers la même époque, on offrait aux empereurs et aux rois des serviettes fabriquées à Reims, à titre d'objets rares et précieux.

Le nom du lin, en grec *linon*, vient dit-on du mot celtique *llin*, fil,

Le chanvre est une plante annuelle, bien plus robuste que le lin; sa tige droite, simple dans toute sa longueur et presque effilée, s'élève de 1 mètre 50 à 2 mètres de hauteur; cette tige est

Fig. 18. — Le Chanvre.

quadrangulaire, velue, rude au toucher, et recouverte d'une écorce qui se partage en filaments. Ses feuilles placées alternativement le long de la tige, sont digitées ou composées de cinq folioles étroites, dentées en scie, rudes au toucher, d'un vert foncé en dessus et répandent une odeur forte.

Les fleurs mâles et les fleurs femelles sont portées sur des pieds différents; sur les pieds mâles les fleurs forment de petites grappes à l'aisselle des feuilles supérieures; ces fleurs peu remarquables, sont composées d'un petit calice de cinq écailles portant cinq étamines sans corolle. Les fruits naissent en grand nombre le long des tiges sur les plantes femelles, sans qu'aucune fleur se soit manifestée ; ils sont composés de pistils enveloppés d'une capsule membraneuse. A ces pistils succèdent des graines arrondies, lisses, contenant une amande blanche, douce, huileuse et d'une odeur forte. Cette graine est connue sous le nom de chenevis, et chacun sait combien les oiseaux en sont friands.

Dans les campagnes, les cultivateurs donnent mal à propos le nom de chanvre mâle à celui qui porte les graines, et celui de chanvre femelle à celui qui porte les fleurs ; contrairement à ce qui existe.

Les pieds de chanvre mâle, c'est-à-dire ceux qui portent les fleurs, sont toujours en bien plus petite quantité que les pieds femelles ; ils sont habituellement trois fois moins nombreux. Dans leur jeune âge, ils croissent plus vite que les pieds femelles et les dépassent au moment de la floraison, de sorte qu'ils sont placés plus commodément pour verser leur poussière fécondante sur les pieds femelles. Mais, après la fécondation, ces derniers continuent à s'élever et ne tardent pas à atteindre et même à dépasser les pieds mâles, dont l'accroissement s'est arrêté. C'est à cause de cette plus grande élévation et de la grosseur des tiges, que les habitants des campagnes ont donné le nom de chanvre mâle au pied femelle, en vertu de cette croyance que le sexe masculin a toujours la supériorité et la force.

Le chanvre demande une terre meuble et substantielle ; le temps convenable pour semer est celui où l'on cesse de craindre les fortes gelées, mais il vaut mieux, en général, semer un peu de bonne heure, afin que les semis profitent des pluies, assez ordinaires vers l'équinoxe du printemps. La graine se sème clair ou épais, suivant l'usage auquel on destine le chanvre ; s'il doit être employé à fabriquer des toiles la graine doit être semée épais, parce que, dans ce cas, l'écorce plus fine produit une filasse plus fine, plus douce, plus soyeuse et qui blanchit plus facilement. Lorsque le chanvre est destiné à la corderie, on le sème clair, pour que les pieds prennent plus de développement et donnent une filasse plus forte et plus longue.

On arrache les pieds mâles presqu'aussitôt après qu'ils ont rempli leur destination en fécondant les graines des pieds femelles, c'est-à-dire de juillet en août. Ce n'est que cinq à six semaines après que l'on arrache les pieds femelles, afin que les graines puissent acquérir leur parfaite maturité. Lorsque ce point est arrivé, la plante se dessèche, le haut de la tige jaunit et le bas blanchit. Après l'arrachage, on égrène les tiges, et on les réunit en petites bottes pour sécher.

Toutes les parties du chanvre répandent une odeur forte et vireuse, et l'on regarde cette plante comme très-délétère. Lorsque l'on reste quelque temps exposé aux émanations qui s'élèvent d'une plantation de chanvre, on ne tarde pas à éprouver un mal de tête violent, accompagné de vertiges, en un mot, les premiers symptômes de l'ivresse. Ces phénomènes sont d'autant plus marqués que la plante est cultivée dans un pays plus méridional, car, il paraît que dans le nord, il perd la plus grande partie de son activité.

A la Cochinchine et dans l'Inde, les habitants mêlent les feuilles du chanvre avec celles du tabac à fumer, et se procurent par ce moyen une gaieté et une sorte d'ivresse dont les effets sont à peu près les mêmes que ceux du haschisch d'Orient. Cette dernière substance se prépare en Arabie et en Égypte avec les sommités du chanvre pilées avec du beurre et du sucre. Le haschich provoque un état nerveux tout particulier, c'est une sorte d'ivresse voluptueuse pendant laquelle l'imagination vous présente les tableaux les plus agréables, les objets les plus enchanteurs. Pour les Orientaux qui en font usage, cette préparation est une sorte d'initiation aux délices du paradis de Mahomet. C'est au moyen du haschisch, que le Vieux de la montagne, si célèbre dans l'histoire de nos croisades, s'était rendu maître de l'imagination des fanatiques appelés par les croisés assassins du mot arabe *haschischins* (mangeurs de haschich).

Les effets produits par cette substance sont loin cependant d'être les mêmes pour tous les individus; quelques personnes ont été singulièrement trompées dans leur attente, en faisant usage de cette drogue. Elles n'ont éprouvé que du malaise, des nausées, et un état très-fatigant, à la place du plaisir et du bien-être qu'on leur avait promis. L'usage immodéré du haschisch produit, comme l'opium, la stupeur, l'hébétement, la consomption et la mort.

La graine du chanvre, connue sous le nom de chenevis, est d'une utilité très-variée; elle fournit un aliment aussi substantiel que savoureux à la volaille, et particulièrement à nos charmants oiseaux de volière; les paysans russes et polonais les mangent pilées avec un peu de sel et étendues sur leur pain noir.

L'huile de chenevis est bonne à brûler, elle entre dans la préparation de certains onguents et du savon vert. Ses tourteaux, comme ceux du lin, sont recherchés par les bestiaux qu'ils engraissent.

Le chanvre, dit Hérodote, croît naturellement en Scythie ; les Thraces s'en font des vêtements qui ressemblent tellement à ceux du lin, qu'il faut être connaisseur pour les distinguer. C'est en effet de ces contrées, la Perse et la Russie asiatique, où le chanvre est encore abondant, qu'on le croit originaire ; mais il s'est si bien naturalisé dans toutes les contrées de l'Europe, qu'il paraît en être indigène. Il semble toutefois qu'on n'en ait fait des tissus que fort tard, chez les peuples occidentaux ; les Grecs et les Romains n'employaient le chanvre qu'à faire des cordes et des filets de chasse. C'est à Ravenne en Italie que se fabriquait tout le chanvre nécessaire au service de la marine sous les empereurs romains. Au témoignage de Pline, le territoire de notre ville de Bourges donnait de fort beaux chanvres ; mais de tissus de chanvre, il n'en est pas question ; encore au seizième siècle, l'on citait comme une nouveauté, deux chemises de toile de chanvre que possédait Catherine de Médicis.

Les Grecs donnaient au chanvre le nom de *cannabis* qu'adoptèrent les latins, ce mot viendrait, dit-on, du mot celte *Kanab*, petit roseau.

CHAPITRE III

Le chanvreur.

On donne le nom de chanvreur à celui qui, par une suite de procédés particuliers, amène le lin ou le chanvre à l'état de filasse.

La filasse du lin et du chanvre est fournie par les fibres de leur écorce dissociées et isolées, à l'aide des opérations successives du rouissage, du teillage et du peignage.

Nous avons vu que les tiges de ces plantes se composent de fibres élémentaires, agglutinées les unes aux autres et soudées en quelque sorte bout à bout, recouvertes d'une enveloppe extérieure ou espèce d'écorce que l'on nomme *chènevotte*. Cette chènevotte, à cause de sa contexture grossière, de son peu adhérence, et de son état irrégulier, ne peut servir à produire du fil; on doit par conséquent commencer par débarrasser les filament qu'elle recouvre.

Pour faciliter cette séparation et la désagrégation des fibres, qui sont intimement liées ensemble par une matière gommo-résineuse, on a recours à une préparation d'une nature toute particulière qu'on nomme *rouissage*.

Le but du rouissage est donc de séparer les matières qui ne sont pas propres à être transformées en filaments et d'isoler complètement les brins élémentaires pour pouvoir leur donner une flexibilité qu'ils n'auraient pas sans cela. Il consiste à faire pourrir ou fermenter les tiges par leur immersion dans l'eau. Pour cela, on fait d'abord un triage des tiges en réunissant celles de même longueur et même grosseur, puis on les dispose par couches qu'on plonge dans une pièce d'eau ou routoir, en chargeant la dernière couche de pierres pour les faire immerger complètement. Dans beaucoup de localités, on emploie des caisses à claire-voie, dans lesquelles on dispose les tiges à rouir, et que l'on fait descendre dans l'eau en les chargeant d'un poids afin de les y maintenir.

Bientôt l'eau du routoir se trouble, se teint d'une couleur jaunâtre, et exhale une odeur fétide. On reconnaît à ces indices que la décomposition s'effectue. La durée de l'opération varie suivant l'élévation de la température, la chaleur ayant, comme l'on sait, une grande influence dans toutes les actions de fermentation. Dans nos climats, où le rouissage s'exécute généralement dans des pièces d'eau stagnante, il suffit de six à huit jours pour que la décomposition de la matière gommeuse ait lieu; mais il ne faut pas non plus que la fermentation soit trop prolongée, car elle énerverait et altérerait profondément les fibres.

Le rouissage dans les eaux stagnantes présente de graves dangers pour la santé des hommes et des animaux, à cause des exhalaisons méphitiques qui s'en dégagent. Les eaux courantes sont préférables, mais, dans beaucoup de localités, l'autorité défend, dans l'intérêt de la conservation du poisson, le rouissage dans les rivières. En effet, le principe narcotique contenu dans toutes les parties du chanvre tue sûrement le poisson. Il existe un troisième mode de rouissage qui ne présente pas les inconvénients des deux premiers, mais il est beaucoup plus long, c'est le rouissage sur le pré, qui offre toutes les conditions de salubrité désirables; le rouissage sur pré dure un mois.

Quand le chanvre est arrivé à point, c'est-à-dire suffisamment trempé dans l'eau et à demi séché à la rive, on le rapporte dans la cour des habitations pour qu'il finisse de sécher au soleil, ou bien on utilise la chaleur qui reste dans le four après la cuisson du pain. On place le chanvre debout, par petites gerbes, qui, avec leurs tiges écartées du bas et leurs têtes liées en boule, ressemblent passablement, le soir, à une longue procession de fantômes plantés sur leurs jambes grêles, et marchant sans bruit le long des murs.

Quand le chanvre est bien sec on le broie ou on le *teille*, opération qui consiste à briser la chènevotte pour la séparer des fibres.

On se sert pour cela d'une sorte de chevalet, surmonté d'un levier en bois en forme de lame de couteau, qui, retombant sur des rainures, hache la plante sans la couper et en disperse les débris ligneux.

Dans certaines provinces, le Berry par exemple, on broie de nuit, ce qui produit un effet singulier sur ceux qui ne sont pas au fait de cette habitude. C'est alors qu'on entend la nuit dans les campagnes, ce bruit sec et saccadé de trois coups frappés rapidement. Puis, un silence se fait, c'est le mouvement du bras qui retire la poignée de chanvre pour la broyer sur une autre partie de sa longueur; en entendant ce bruit, dont on ne peut distinguer la cause, on rêve malgré soi de follets et de farfadets.

Quand le lin est teillé il est prêt pour le peignage; mais il ne suffit pas de teiller le chanvre pour l'assouplir convenablement; les tiges, présentant une rudesse sensiblement plus grande que celle du lin, ont besoin d'être battues et assouplies pour se prêter facilement aux préparations ultérieures. On les bat généralement sur une planche pour achever de diviser les parties, ou bien, comme en Auvergne, on fait usage d'un cylindre en pierre roulant sur une autre pierre circulaire qui reçoit le chanvre disposé en tresses.

Quand le chanvreur a teillé son lin, ou battu son chanvre, il les lave dans une eau courante, s'il le peut, et plus l'eau est rapide, vive et belle, plus les fibres se blanchissent et se purifient. Il les suspend ensuite sur une perche pour les faire égoutter et sécher, et lorsqu'ils sont biens secs, il procède au peignage, ou, le pliant avec soin en le tordant un peu pour que les fils ne puissent pas se mêler davantage, il les livre à la filature où le peignage s'opère mécaniquement.

Le but du peignage est de séparer complètement les fibres des unes des autres, de les débarrasser de tous les corps étrangers, de leur donner de la flexibilité et de la douceur au toucher, afin de faciliter leur glissement, et de les ranger aussi parallèlement que possible sans déchet provenant de la rupture des brins.

On exécute le peignage en faisant passer avec soin la mèche à peigner sur des dents ou aiguilles métalliques fixes, qui sont d'autant plus fines et rapprochées entre elles que la matière à travailler est plus délicate ou la période du travail plus avancée. On commence donc toujours le peignage sur les dents les plus grosses et les plus espacées entre elles, pour le finir sur les dents les plus minces et les plus rapprochées. Comme le but principal de cette opération est de bien isoler les filaments sans les briser, ile demande beaucoup de soins et de délicatesse. Le peigne employé consiste en une pièce de bois rectiligne, à laquelle est adaptée une pièce métallique garnie de deux rangs d'aiguilles en acier; ce peigne est fixé d'une manière invariable au mur, à une hauteur convenable. L'ouvrier doit avoir à sa disposition un assortiment de peignes, dont le nombre de dents par rangées de même longueur va en augmentant, de façon à faire passer les mèches à peigner successivement entre des dents plus rapprochées ; ainsi par exemple, la longueur du peigne étant de quinze centimètres, le premier peigne n'a que seize dents, tandis que le dernier en contient cent-vingt. Le peigneur fait passer les mèches à plusieurs reprises sur les pointes des aiguilles et engage successivement les deux bouts de manière à peigner la totalité.

Tous les soins qu'on apporte au peignage ne peuvent empêcher un certain déchet ; une quantité assez notable de brins courts se sépare des filaments longs, et reste engagées dans le fond des dents. Ces brins courts constituent l'étoupe, les brins longs, entiers, font la filasse, deux produits dont les destinations sont très différentes ; la filasse se file et sert à faire les tissus, l'étoupe se carde et est mise en œuvre par le cordier.

C'est un métier malsain que celui du chanvreur ; il est sujet à des maladies qui attaquent particulièrement les organes de la respiration, et qui sont moins l'effet des exhalaisons qui peuvent se dégager de la plante, que de la poussière fine et menue qui s'en échappe, soit lorsqu'il la teille avec la braie, soit lorsqu'il la peigne. Cette poussière est formée de petites paillettes imperceptibles que leur légèreté tient suspendues dans l'air, et qui pénètrent avec celui-ci à travers les bronches, où leur présence excite une toux plus ou moins fréquente et parfois une inflammation et suppuration du poumon auxquelles ils succombent. Pour prévenir ces accidents, le chanvreur doit, autant que possible, travailler en plein air le dos au vent, ou dans un lieu couvert très aéré.

CHAPITRE IV

Le genêt commun, connu vulgairement sous le nom de genêt à balais, est une plante rustique qui croît spontanément dans les plaines incultes et sablonneuses, dans les landes stériles, sur les basses montagnes, là où ne viendraient ni le lin ni le chanvre.

Cette plante s'élève à un ou deux mètres de hauteur, et pousse de tous côtés ses nombreux rameaux droits, effilés et flexibles, d'un vert foncé. Ses feuilles sont petites et disposées alternativement le long des tiges, rassemblées par deux et trois sur les anciens rameaux. Ses fleurs, d'un beau jaune, grandes et légèrement odorantes, ornent, au mois de mai, la partie supérieure des rameaux. Ces fleurs donnent naissance à une gousse noire qui contient à sa maturité de huit à douze petites graines globuleuses.

Le genêt se sème de lui-même dans le voisinage des pieds dont les graines touchent à terre; le mouvement de torsion et d'élasticité propre à ses gousses, fait qu'il jette souvent sa semence à une grande distance.

Cet arbrisseau n'exige aucune culture, et il est précieux pour le défrichement des landes et des bruyères sablonneuses, où il rend à la terre plus qu'il n'en reçoit. Brûlé sur le terrain, il le fertilise et lui prépare d'excellentes récoltes.

Les bestiaux mangent ses tiges avec plaisir, les volatiles recherchent ses graines et les abeilles ses fleurs. Elle fournit encore des remèdes à la médecine, du tan aux corroyeurs, une belle couleur jaune aux teinturiers et de la potasse aux verriers.

Mais, sa plus grande utilité est de donner une filasse qui, pour être moins bonne que celle du lin, n'en est pas moins d'une grande ressource pour certains pays, pour ceux surtout où les flancs dénudés des coteaux, les landes sauvages, les bruyères sablonneuses, où vient parfaitement le genêt, ne pourraient être utilisés à d'autres cultures.

Une autre espèce, plus grande, plus belle, plus parfumée, le genêt d'Espagne, indigène à l'Espagne et à l'Italie, et acclimatée depuis deux siècles dans les départements méridionaux de la France, offre toutes les propriétés du genêt commun.

Dans tout le Languedoc et les Cévennes ainsi qu'en Espagne et dans la Toscane, on retire de l'écorce du genêt une filasse dont on fait de fortes toiles, des cordages et du papier de bonne qualité. Il serait bien à désirer que cette branche d'industrie s'étendît à tous les cantons peu fertiles.

Ce n'est qu'à la troisième année que les rameaux du genêt sont devenus assez longs pour devoir être coupés; plus jeunes, ils ne rempliraient que très-imparfaitement le but qu'on se propose, et ne servent qu'à la nourriture des bestiaux, surtout en hiver, où c'est la seule nourriture fraîche qu'on puisse leur procurer.

C'est d'ordinaire après la moisson, et lorsque les travaux des champs sont terminés, que se fait la coupe du genêt; on choisit les tiges les plus belles et on les coupe à la main, après les avoir mondées des bourgeons ou brins naissants qu'y s'y trouvent; on les expose au soleil pour les faire sécher, puis, on rassemble ces tiges en petites bottes ou javelles d'une grosseur et d'une longueur égales. On les bat avec une massue de bois pour faciliter la séparation de l'écorce; on les plonge ensuite dans une mare ou dans une eau courante, en les assujettissant avec des pierres pour que l'immersion soit complète, et on les y laisse tremper cinq ou six heures. Le soir on les retire et on les met en tas sur la rive. Le lendemain, les bottes de genêt, ainsi préparées, sont placées par couches, séparées par de la paille, dans un endroit voisin de l'eau. On recouvre la pile de fougère, de paille ou de gazon, et l'on charge par dessus avec des pierres; c'est ce qu'on appelle *mettre à couver*. Le genêt demeure ainsi jusqu'à ce que le rouissage soit fini, c'est-à-dire pendant huit à neuf jours; il suffit seulement dans cet intervalle, et sans le découvrir, d'arroser le tas, une fois par jour, avec l'eau voisine. Au bout de ce temps, on retire les javelles et on les lave à grande eau; la partie verte de la plante, ou l'épiderme, se détache alors très-aisément de dessus le bois, et la portion fibreuse reste à nu; l'on prend chaque paquet l'un après l'autre, on les bat et froisse fortement avec un battoir et sur une pierre pour en détacher toute la filasse. Après cette opération, on délie les faisceaux et on les étend sur un terrain sec pour les faire sécher. Les baguettes ne doivent être taillées que lorsqu'elles ne contiennent plus d'humidité; on passe ensuite au peignage, et on met à part les qualités différentes de filasses, qui sont toutes filées au rouet; ce travail est généralement réservé pour les veillées d'hiver.

Le fil que l'on obtient du genêt sert à fabriquer des toiles propres aux différents usages domestiques. Ce fil est de deux sortes; celui de première qualité, le plus fin sert à faire de grosses toiles. Les paysans des environs de Lodève et d'autres cantons de l'Hérault de l'Aveyron, de la Lozère, etc., qui ne possèdent pas de terres propres à la culture du lin et du chanvre, ne connaissent pas d'autre linge que celui de genêt. Les toiles fabriquées avec le fil de cet arbrisseau sont d'un très-bon user, très-fraîches en été et aussi souples que les toiles de chanvre. Le fil plus grossier est employé à faire de la corderie et des toiles à sacs pour emballages.

Le lin, le chanvre et le genêt, voilà les trois plantes de notre sol qui alimentent l'industrie des tissus; pour les autres matières végétales textiles, nous sommes tributaires des pays étrangers.

CHAPITRE V

Le cotonnier.

Le coton ou laine d'arbre, comme l'appellent les Allemands, est le produit de certains arbustes ou arbrisseaux de la famille des mauves, qui croissent dans les régions chaudes de l'ancien et du nouveau continent, comprises entre le 35° degré de latitude et l'équateur.

On connaît plusieurs espèces de cotonniers; mais trois seulement sont l'objet d'une grande culture. Le plus répandu, et celui qui fournit la majeure partie du coton expédié en Europe, est le *cotonnier herbacé*; c'est une plante annuelle, le plus souvent herbacée, dont les tiges s'élèvent ordinairement à cinquante ou soixante centimètres de hauteur; mais, dans certaines circonstances, elle dépasse un mètre cinquante centimètres, et sa tige devient alors ligneuse par le bas. Ses feuilles d'un vert foncé, veinées de brun, sont divisées en cinq lobes; ses fleurs sont grandes et ressemblent beaucoup à celles de la mauve; elles sont d'un jaune pâle avec une tache couleur de pourpre à la base de chaque pétale. Le fruit qui succède à ces fleurs est une capsule arrondie ou ovale, de la grosseur d'une aveline, partagée en trois ou quatre loges dont chacune contient de trois à six graines noires, de la grosseur d'un petit pois, enveloppées d'un duvet en flocons, quelquefois jaune et le plus souvent blanc qui constitue le coton. Le fruit s'ouvre de lui-même lorsqu'il est mûr, et c'est ce moment que l'on choisit pour en retirer les précieux filaments qui en débordent tout autour.

Le *cotonnier en arbre* atteint cinq à six mètres de hauteur; sa tige est ligneuse, ses feuilles sont portées sur de longs pétioles et ses fleurs sont purpurines. Cette espèce fournit un duvet très-long, très-souple et d'une blancheur éblouissante.

La troisième espèce, le *cotonnier arbrisseau*, tient le milieu entre les deux espèces précédentes pour le port et la taille. Sa

Fig. 9. — Le cotonnier.

tige, vivace et ligneuse par le bas, s'élève à trois ou quatre mètres. On en distingue deux variétés, une blanche et une jaune ; cette dernière fournit le coton qui sert à la fabrication du nankin.

De ces trois espèces, c'est, ainsi que nous l'avons dit, le coton herbacé dont la culture est la plus répandue, c'est celui qui exige le moins de chaleur pour fructifier. Le coton en arbre, au contraire, ne peut prospérer que dans les contrées brûlantes. Tous, cependant, semblent préférer le voisinage de la mer, puisque c'est des contrées situées le long de l'Océan que nous arrivent les cotons les meilleurs et les plus beaux.

Les cotonniers sont originaires de l'Asie ; dès la plus haute antiquité, ils ont été cultivés dans l'Inde, et leurs filaments transformés en tissus. Au temps d'Hérodote, les Indiens portaient des vêtements de coton, mais les Égyptiens ne le connaissaient pas.

Ce n'est que plusieurs siècles après que cette plante précieuse fut importée dans la Haute-Egypte et l'Arabie.

L'introduction du coton en Europe remonte au neuvième siècle; elle est due aux Arabes qui, lorsqu'ils eurent conquis l'Espagne, y plantèrent le cotonnier. Cette plante prospéra dans les plaines de Valence, et bientôt des manufactures importantes s'établirent à Cordoue, à Grenade et à Séville. C'est à eux que l'on doit la fabrication du papier de coton, dont leurs ancêtres avaient appris le secret à Samarcande, au septième siècle; mais avec les Maures disparut de l'Espagne toute industrie.

Aujourd'hui, les cotonniers se sont naturalisés dans toutes les régions chaudes du globe; on trouve les diverses espèces du genre dans toute l'Asie, au Cap, au Sénégal, sur les côtes de Guinée et en Abyssinie, en Syrie, en Egypte, en Grèce, dans l'Italie méridionale, en Sicile, en Espagne, au Brésil, à la Guyane, dans les Antilles et dans les états du sud de l'Union américaine.

La récolte du coton ne se fait pas d'un seul coup : elle dure pendant plusieurs mois; car il faut tous les matins, avant le lever du soleil, recueillir les capsules qui se sont ouvertes pendant la nuit, parce que la moindre pluie et même l'action des rayons solaires, quand la capsule est mûre et sur sa tige, altèrent la couleur du duvet et lui ôtent de ses qualités.

Sept à huit mois, selon la marche de la saison, s'écoulent ordinairement entre le semis et le commencement de la récolte. A cette époque, un champ de cotonniers offre le plus ravissant coup-d'œil. Sur un vaste fond d'un vert sombre et luisant, formé par le feuillage, se détachent, comme des milliers d'étoiles, les fleurs d'un jaune tendre et les flocons d'un blanc soyeux et argenté qui s'échappent des capsules.

A mesure que l'on récolte le coton, on procède à son épluchage, qui consiste à séparer le duvet des graines qui y adhèrent fortement. Dans l'Inde, cette opération se fait à la main; mais elle est fort longue, et un Indou passe sa journée à en éplucher un peu plus d'une livre. Dans les autres pays, on se sert pour cet épluchage d'un instrument plus ou moins parfait; tantôt c'est une machine composée de deux rouleaux tournant en sens contraire et mus avec une pédale ou par le moyen de l'eau; on étend le coton sur une planche, on le présente aux rouleaux qui, n'étant écartés que de la distance nécessaire pour laisser passer le fil, en séparent la graine; tantôt c'est le *saw gin* (moulin sciant) des

Fig. 20. — La récolte du coton en Amérique.

Américains, machine composée d'un cylindre garni d'une série de scies circulaires à dents recourbées et agissant comme des cardes, qui tirent les fibres du coton à travers une grille où ne peuvent passer les graines. Cette dernière machine peut nettoyer cent cinquante kilogrammes de coton en un jour, mais on lui reproche de déchirer les longs filaments du coton; le moulin ordinaire nettoie de quatre à cinq kilogrammes de coton à l'heure.

Pour rendre le coton parfaitement pur, on se sert d'une machine à sérancer, ou bien, comme cela lieu à Cayenne, on le bat avec des baguettes.

L'épluchage et le nettoyage du coton demandent de la part du planteur beaucoup d'attention; car d'eux dépend en grande partie la valeur commerciale de sa récolte. Si elle est mélangée de saletés, de graines, de débris de coques, ou si la machine à éplucher, par suite de la négligence ou de l'inhabileté de l'ouvrier, a rompu les filaments, les a pelotonnés, noués, au lieu de les étendre, non-seulement il trouve difficilement un acheteur, mais il ne peut se défaire de ces cotons qu'à vil prix, quelles que soient d'ailleurs leur beauté et leur provenance. De la finesse des fibrilles, de leur longueur, de leur élasticité, de leur force et de leur douceur, qui varient avec les espèces de cotonniers et les lieux de production, dépend la qualité du coton.

Après la dernière opération du nettoyage, on met le coton dans des balles en le foulant avec force; aux États-Unis on se sert à cet effet d'une presse hydraulique. Les balles sont de deux à trois cents kilogrammes, et, suivant le lieu de provenance, elles sont rondes ou carrées, recouvertes de toile, de jonc, de cuir ou d'écorce.

On distingue dans le commerce de nombreuses qualités de coton, auxquelles on donne le nom du pays qui les conduit. On les divise d'abord en deux grandes classes : les cotons à longue soie et les cotons à courte soie.

C'est l'état de Géorgie (Amérique du nord) qui fournit les plus beaux cotons longue soie; l'île de la Réunion tient le second rang; puis viennent les autres états de l'Amérique du nord, l'Égypte, les Antilles, le Brésil et les immenses provinces de l'Asie, où l'on en récolte des quantités énormes, depuis les plus belles qualités jusqu'aux plus inférieures.

CHAPITRE VI

Le fuseau, la quenouille et le rouet.

Les filaments du lin, du chanvre et du coton, sont d'une longueur et d'une grosseur très-limités; pour en former un fil continu, il s'agit donc de les réunir et de leur donner une adhérence entre eux au moyen d'une torsion convenable; c'est ce que l'on nomme le filage.

Fig. 21. — La filature à l'état sauvage.

L'art du filage remonte à la plus haute antiquité, puisqu'il a dû nécessairement précéder la confection des tissus, et plusieurs nations revendiquent l'honneur d'avoir inventé le fuseau. Moïse nous apprend que ce fut Noëma, sœur de Tubalcaïn, qui inventa l'art de filer; les Egyptiens l'attribuent à leur déesse Isis; les Grecs, à Minerve; les Lydiens, à Arachné; les Chinois à leur empereur Yao. Chacun sait qu'Hercule fila aux pieds d'Omphale.

Quoi qu'il en soit, le fuseau et la quenouille ont une origine fort ancienne. Si nous en croyons les historiens et les poëtes du bon vieux temps, ces pacifiques instruments furent d'abord maniés par les reines et les princesses ; dans le moyen-âge, nous voyons souvent la quenouille aux mains des nobles dames ; mais, de notre temps, le fuseau, la quenouille et le rouet ne sont plus guère maniés que par les jeunes villageoises en gardant leurs bestiaux et par les vieilles matrones au coin de leur feu.

Il n'y a guère plus d'un demi-siècle que ces simples instruments ont été remplacés par des machines compliquées et que des moteurs, animés par l'eau ou la vapeur, s'acquittent du travail réservé, dans l'origine, aux doigts des femmes dans nos campagnes. Cependant le classique rouet n'a pas complètement disparu, et ce n'est même que par son moyen que l'on peut obtenir aujourd'hui certains fils de lin fin destinés aux dentelles et aux batistes fines, que le travail mécanique n'a pu aborder jusqu'ici.

Transportons-nous donc en imagination dans une de ces demeures rustiques où, pendant de longues soirées d'hiver, des paysannes groupées autour d'une chandelle de résine qui répand une clarté douteuse, font tourner rapidement leur fuseau entre leurs doigts agiles et dévident leur quenouille, tout en écoutant le récit de quelque bonne grand'mère ou en chantant quelqu'air connu.

Le fuseau est un morceau de bois léger, rond sur toute sa longueur, terminé en pointe par les deux extrémités et long d'environ quinze à vingt centimètres. Un peu au-dessus de la pointe inférieure est une petite éminence qui retient le fil et l'empêche de tomber.

La quenouille est simplement un roseau ou un bâton mince et long, au bout duquel est fixé un ruban. On enroule à son sommet une certaine quantité de filasse que l'on y retient au moyen du ruban.

La fileuse fixe alors la quenouille à son côté gauche en maintenant la filasse avec cette main, et de la droite elle tire de la

Fig. 82. — La filature à la campagne.

partie inférieure de la quenouille une petite quantité de filasse, qu'elle étire entre ses doigts mouillés d'abord sur sa langue et qu'elle fixe à l'extrémité du fuseau par une boucle ou un nœud.

Le fil ainsi fixé au fuseau, la fileuse prend celui-ci entre le pouce et le doigt du milieu de la main droite et lui imprime un mouvement de rotation sur lui-même. A mesure que le fuseau tourne, elle tire de la filasse de sa quenouille entre le pouce et l'index, qu'elle a soin de mouiller de sa salive pour humecter le fil et lui donner une certaine consistance, et la filasse se tord et forme le fil qui s'enroule sur le fuseau. La fileuse file de cette manière, jusqu'à ce que son fuseau soit chargé de fil et sa quenouille épuisée de filasse.

L'art de la fileuse consiste à ne prendre que ce qu'il faut de lin ou de chanvre pour former le fil le plus fin et en même temps le plus fort possible, à tirer bien également sa filasse, à la mouiller suffisamment, et à lui donner toujours le même degré de torsion. C'est, en effet, la plus grande finesse jointe à l'uni le plus constant qui fait la perfection du fil.

Quant au rouet, c'est une machine aussi simple qu'ingénieuse, bien connue dans nos campagnes. Le support de cette machine est formé de deux châssis horizontaux réunis par quatre colonnettes verticales; sur le châssis supérieur est monté une roue à gorge, dont la rainure reçoit une corde sans fin qui aboutit à une petite poulie faisant partie de la bobine. A l'axe de la bobine est adaptée une ailette. La fileuse tire de sa quenouille une mèche filamenteuse qu'elle fixe par le bout sur le milieu de la bobine, puis elle met la roue en mouvement au moyen de la pédale qu'elle fait marcher avec le pied. L'action de la machine tord le fil et l'enroule sur la bobine pendant que la fileuse étire et mouille la filasse. Le rouet est le point de départ de toutes les machines usitées de nos jours dans les filatures.

Tel était l'état de l'art du filage il y a moins d'un siècle. Alors la filature et le tissage à la main remplissaient toutes les intermittences du travail agricole, surtout pour les femmes; chaque chaumière avait son rouet. Ce salaire modique, mais continu et universel, vêtait, soulageait, nourrissait surtout, la vieillesse des pauvres mères de famille. Les machines ont aujourd'hui tué à petit feu l'industrie du filage et du tissage à la main qui, depuis un temps immémorial, jouait un rôle si important dans la vie des campagnes; elles ont brisé le rouet et la quenouille qui nourrissaient et consolaient la moitié du genre humain. Hélas! telle est la loi du progrès; nul bien, nulle idée ne peut se produire sans un laborieux et dur enfantement.

Est-ce à dire que l'on doive maudire les machines, parce que celles-ci briseront d'abord quelques existences? Non, sans doute ; car le mal n'est que momentané. Bientôt l'introduction des procédés mécaniques a fait augmenter les salaires dans toutes les contrées où ont été créées des filatures à la mécanique. Le prix de revient étant considérablement au-dessous de celui qu'on pouvait obtenir à la main, il en est résulté une plus grande consommation de toiles et de fils. En réalité, sauf le malaise passager qu'ont produit les machines, elles ont seulement déplacé les populations industrieuses ; elles ont centralisé dans de vastes établissements un travail qui se faisait auparavant isolément près du foyer domestique. Anciennement, une bonne fileuse, employant toute sa journée, réalisait 50 à 60 centimes environ par jour, aujourd'hui, dans les établissements affectés à cette industrie, où les hommes, les femmes et les enfants peuvent être employés, leur salaire est en moyenne pour les hommes de 3 à 4 francs par jour, pour les femmes de 1 fr. 25 à 2 francs, pour les enfants de 75 centimes à 1 franc.

Pour certains fils fins de haute qualité, tels que ceux que l'on emploie à la confection des dentelles et des plus belles batistes, les doigts de la fileuse n'ont pu être remplacés. On compte encore aujourd'hui dans les Flandres, le Cambrésis, la Bretagne, les fileuses à la main par milliers, et certains de leurs produits se paient jusqu'à 2,000 francs la livre ; pas à elles, bien entendu.

Aujourd'hui même encore, la Bretagne s'obstine à filer et à tisser son lin à la main, et le cadeau de noces qu'un paysan breton fait à sa fiancée est une belle quenouille enrubanée avec son assortiment de ses fuseaux.

CHAPITRE VII

Jusque vers la fin du siècle dernier, le seul moyen employé pour filer était le rouet; on ne filait qu'un seul fil à la fois, et c'était beaucoup lorsqu'une fileuse préparait en un jour une demi-livre de coton. En outre, on ne savait pas filer des fils de coton offrant assez de résistance pour faire la chaîne des étoffes; on n'était encore parvenu à filer que des trames; en sorte que les étoffes de coton de cette époque étaient en réalité moitié coton, moitié lin; car c'était cette dernière matière qu'on employait pour les fils de chaîne.

C'est en Angleterre que surgirent les premières inventions que devaient donner à cette industrie un si prodigieux élan et enfanter ces merveilles de mécanique qui sont aujourd'hui l'admiration des gens de l'art. C'est en vue du filage du coton que naquirent tous ces perfectionnements qui ne purent s'appliquer au chanvre et au lin que beaucoup plus tard et grâce à d'ingénieuses modifications.

En 1768, James Hargreaves, pauvre fileur qui ne savait même pas lire, inventa une machine à filer à laquelle il donna le nom de Jenny la fileuse, du nom de sa fille. L'idée lui en vint, assure-t-on, en voyant un rouet renversé par accident s'éloigner de la fileuse sans cesser de filer. De cette observation, il conclut qu'il était possible de rendre fixe le point de filage, et de changer la direction des broches en leur donnant un mouvement de rotation de va et vient (par le chariot) sans suspendre leur mouvement de rotation sur elles-mêmes. Après plusieurs essais infructueux, l'inventeur établit un métier à huit broches; puis, il perfectionna encore sa Jenny et obtint enfin un résultat qui dépassait le travail de trente fileuses au rouet. Mais les ouvriers, s'imaginant que leur existence était menacée, se coalisèrent, vinrent en masse assiéger l'inventeur dans sa maison, et détruisirent ses machines. L'invention survécut néanmoins, et se répandit dans le pays; mais le peuple se souleva de nouveau et détruisit toutes les Jenny et les cardes qu'il rencontra sous sa main.

Le malheureux Hargreaves, forcé de s'expatrier pour se dérober à la fureur de ses concitoyens, se réfugia à Nottingham où, sous la protection de l'autorité, il put élever une filature; mais à peine commençait-elle à marcher, qu'une invention bien supérieure, celle de la filature à cylindres, dite continue, vint renverser toutes ses espérances. Le malheureux inventeur ne put supporter ce dernier coup, et il mourut de chagrin et dans la pauvreté.

Richard Arkwright, tel était le nom du nouvel inventeur, était barbier de village et avait vécu jusqu'alors des maigres profits de son état.

Tourmenté par le génie de l'invention, il s'appliqua d'abord à chercher le mouvement perpétu..., mais, ramené à des idées plus pratiques, il étudia la question de la filature, et construisit sa machine. Ce fut en 1769, à l'âge de trente-six ans, que Arkwright mit au jour sa précieuse découverte, secondé par un riche manufacturier; il prit un brevet en 1770 et y fit des additions les années suivantes.

Le métier à filer d'Arkwright peut à juste titre être considéré comme une invention admirable par sa simplicité et par la sûreté de ses résultats, c'était une véritable œuvre de génie, et partout on s'empressa de l'adopter. Mais en même temps qu'on adoptait sa machine on lui en contestait la propriété et même l'invention. Arkwright, qui avait l'âme fortement trempée, lutta avec énergie contre ses adversaires et finit par l'emporter. La fortune, qui semblait d'abord vouloir lui être contraire, le combla bientôt de ses faveurs et Arkwright mourut en 1792, baronnet et douze fois millionnaire.

Depuis la mort d'Arkwright les procédés employés pour la filature du coton ont fait d'immenses progrès et subi de nombreuses améliorations, mais on ne peut s'empêcher de reconnaître que presque tous reposent sur les principes mécaniques qu'a inventés le barbier de Preston.

Jusqu'en 1786 l'eau et les chevaux furent les seuls moteurs employés dans les filatures; c'est à cette époque que Watt les remplaça par des machines à vapeur.

Aujourd'hui la filature anglaise est arrivée à une perfection qui semble avoir atteint les dernières limites du possible.

Fig. 22. — La filature mécanique. — Le chariot.

Avec ces puissantes machines on peut aujourd'hui convertir une livre de coton en un fil de deux cents kilomètres de longueur, de sorte que cent kilog. de coton fourniraient un fil assez long pour entourer la terre.

Aucune substance textile ne joue un rôle aussi considérable que le coton dans l'économie des sociétés modernes. Il n'en est aucune, en effet, qui demande moins de préparation pour être convertie en tissus, qui serve à la fabrication d'étoffes plus variées, qui satisfasse d'une manière plus complète à des besoins aussi nombreux.

On en fait des toiles d'emballage, des filets pour la pêche, de voiles de navire.

On en fait des mousselines, les plus légères des étoffes connues, si fines, si déliées, qu'il en peut entrer plusieurs mètres dans une tabatière ordinaire.

La percale, le calicot, le madras, le nankin, sont en coton, ainsi que les indiennes, rouenneries, toiles d'Alsace, etc. On en confectionne des velours, des draps, des tapis, des couvertures.

Il sert presque exclusivement aux nombreux usages de la bonneterie

Un préjugé encore très-vivace et très-répandu dans certaines provinces repousse l'application d'une étoffe de coton sur la peau comme moins saine que celle d'une étoffe de chanvre ou de lin. Or, non-seulement une chemise de coton n'a aucune action malfaisante ; mais, au point de vue de l'hygiène, elle est même préférable à une chemise de toile, en ce sens que le coton étant plus mauvais conducteur du calorique que la toile, est plus chaud en hiver et plus frais en été. Le coton a encore une autre propriété que ne possède pas la toile à un aussi grand degré, c'est de laisser échapper les vapeurs produites par la transpiration et d'absorber la sueur lorsqu'elle est très-abondante. Ainsi, tandis qu'une chemise de toile condense la sueur sur la peau, devient humide et froide, ce qui arrête brusquement la transpiration et occasionne toujours un malaise, souvent un rhume, la chemise de coton n'a aucun de ces inconvénients. La charpie et les bandes de calicot appliquées sur une plaie ne sont pas moins bonnes que celles de toile. Dans les hôpitaux anglais, on ne se sert que de calicot et les malades ne s'en trouvent pas plus mal.

L'Angleterre importe par an près de deux cent millions de kilogrammes de coton, auquel la fabrication donne une valeur de neuf cent millions de francs. Les estimations les plus basses portent au chiffre énorme de douze cent mille individus ceux qui vivent en Angleterre de l'industrie cotonnière, Liverpool, Manchester, Glasgow, où le travail du coton est le plus important, ont vu, en moins d'un siècle, décupler le nombre de leurs habitants.

La France importe par an environ soixante millions de kilogrammes de coton, auquel ses manufactures donnent une valeur de deux cent cinquante millions de francs ; et l'on peut estimer à plus de deux cent mille individus, hommes et femmes, le nombre de ceux qui vivent de cette industrie. Rouen, Mulhouse, Roubaix et Lille sont les principaux centres de l'industrie cotonnière en France.

CHAPITRE VIII

Philippe de Girard.

On tenta tout d'abord d'appliquer à la filature du lin et du chanvre les procédés employés avec tant de succès à la filature du coton. L'idée d'employer indistinctement les mêmes machines pour des matières qui paraissent présenter assez d'analogie dut naturellement venir à l'esprit des premiers inventeurs, et ils ne furent détrompés dans leurs tentatives qu'après d'infructueux efforts.

Sur ces machines, le plus beau lin se mêlait, se nouait et se rapprochait d'autant plus de l'état d'étoupe qu'il était plus travaillé. Le fil qu'on en obtenait ne pouvait en aucune façon soutenir la comparaison avec celui que donnait le filage à la main.

Cet insuccès provenait de ce qu'on ne tenait pas suffisamment compte de la structure du lin, si différente de celle du coton.

Si l'on fait un examen comparatif des fibres du lin, du chanvre et du coton, sous le microscope, on remarque que les premières, celles du lin et du chanvre, affectent la forme de longs tubes cylindriques, articulés et cloisonnés de distance en distance, tandis que les fibrilles du coton ont l'aspect de tubes aplatis, non cloisonnés et légèrement tordus sur eux-mêmes. En outre, la finesse moyenne du lin est d'un quarantième de millimètre, celle du chanvre d'un vingt-cinquième; les filaments du coton n'ont en moyenne qu'un soixante-dixième de millimètre.

Il existe, comme on le voit, des différences très-sensibles entre les caractères du coton et ceux du chanvre, et c'est ce qui explique pourquoi l'on n'a pas réussi, toutes les fois qu'on a voulu préparer de la même manière des matières filamenteuses si peu semblables.

Telle était la situation, lorsque Napoléon, comprenant que, s'il pouvait se passer des produits manufacturiés de la Grande-Breta-

Fig. 24. — Philippe de Girard, inventeur de la filature mécanique du lin.

gne, cette puissance serait à demi vaincue, mais qu'il ne pouvait toute fois faire concurrence aux Anglais pour les cotonnades, à cause de la difficulté de l'arrivage des matières premières, résolut d'opposer à leur industrie l'application de la mécanique aux plantes textiles indigènes d'un usage universel, le chanvre et le lin, condamnés jusque-là aux lenteurs du travail manuel. Jaloux de conquérir dans l'industrie linière un progrès analogue à celui que Jacquard venait de réaliser dans celle de la soie, il proposa, par décret du 12 mai 1810, un prix d'un million pour la solution du problème de la filature mécanique du lin.

A cette époque vivait un homme en qui se personnifiait le génie de l'invention, Philippe de Girard, à qui l'industrie française devait déjà plusieurs inventions pratiques et d'une utilité générale. Dès son enfance, il avait montré une aptitude singulière pour la mécanique, et, depuis lors, il s'était voué tout entier aux sciences industrielles. Il avait alors trente-cinq ans.

A l'appel de l'Empereur il se mit à l'œuvre. Il comprit qu'au lieu de se rapprocher des procédés usités pour le coton, il devait prendre son point de départ dans les opérations manuelles de la fileuse. Girard était alors à Lourmarin en Provence, chez son père. Il prend une poignée de lin, s'enferme dans sa chambre pour en étudier la structure, et en sort au bout de vingt-quatre heures avec la solution du problème. Le 12 juin 1810, c'est-à-dire un mois juste après l'apparition du décret au *Moniteur*, Philippe de Girard adressait au ministère de l'intérieur sa demande de brevet, avec les mémoires à l'appui. Dans ces mémoires se trouvent énoncés les deux principes fondamentaux sur lesquels repose toute l'industrie actuelle de la filature du lin. 1° L'étirage à sec au moyen de séries de peignes à charnières mobiles ; — 2° La décomposition de la plante en ses fibres élémentaires désagrégées par l'immersion.

La demande de Philippe fut examinée au bureau consultatif des arts et manufactures qui émit un avis favorable ; néanmoins, on sembla se défier d'une solution si vite trouvée, ou l'on pensa que le problème devait offrir moins de difficultés qu'on ne l'avait cru d'abord. Un million à donner n'était pas une petite affaire, et l'on ne pouvait pas le laisser gagner aussi facilement. Un nouveau programme ministériel parut en novembre, qui ajournait la clôture du concours à trois années, et, de plus, imposait aux concurrents des conditions très-difficiles à remplir, sous le double rapport de l'économie du prix de fabrication et de la sécurité des produits.

Philippe de Girard ne se découragea pas : dans l'espace de cinq ans il prit plusieurs brevets, constatant les perfectionnements successifs que les méditations incessantes et l'expérience lui suggéraient. Voici d'ailleurs dans quels termes l'illustre inventeur, forcé plus tard de revendiquer dans sa propre patrie l'honneur de sa découverte, en explique la nature et en fait ressortir l'importance :

« La filature du lin n'existait pas avant l'année 1810; l'appel de Napoléon en offrirait une preuve suffisante. Proposer un prix de un million pour la solution de ce grand problème, c'était reconnaître hautement que toutes les tentatives faites jusqu'alors étaient restées sans résultat utile. On sait, cependant, qu'une foule de mécaniciens habiles avaient consacré leurs veilles et leur fortune à cette recherche. Un grand nombre de petites fabriques avaient même commencé à s'établir en Angleterre et quelques-unes en France; mais leurs procédés étaient si imparfaits, que les fils grossiers et irréguliers qu'ils obtenaient avaient à peine la valeur du lin employé. — C'est par moi que le problème a été résolu. »

Tout le système actuel se fonde sur deux principes essentiels : le premier qui sert de base à toutes les opérations préparatoires que le lin subit, depuis le peignage jusqu'à la dernière filature, ou filature en fin exclusivement, est l'étirage à sec au moyen des séries de peignes sans fin, seul procédé trouvé jusqu'à ce jour, pour distribuer uniformément sur une longueur indéfinie les brins de lin peigné sans altérer leur parallélisme; le second, qui a seul rendu possible la filature mécanique du lin, jusqu'à un degré de finesse illimité, est la décomposition du lin en ses fibres élémentaires, décomposition que nous produisons dans le fil en gros par l'immersion, soit dans une lessive alcaline, soit simplement dans l'eau froide ou chaude, et qui, transformant, pour ainsi dire, le lin en une nouvelle substance permet de l'étirer désormais, comme le coton, entre des cylindres rapprochés et d'en former ainsi des fils incomparablement plus fins que ceux qu'on obtenait en filant les brins de lin dans leur longueur primitive, ainsi que cela avait lieu dans l'ancien procédé anglais.

Ces deux principes fondamentaux, entièrement inconnus dans les filatures qu'on avait essayé d'établir avant le grand prix proposé par Napoléon, se trouvent énoncés pour la première fois dans le brevet du 18 juillet 1810.

« Il est nécessaire d'expliquer ce que j'entends par les brins du lin et par ses fibres élémentaires. J'appelle brins ces filaments plus ou moins fins que l'on obtient par la division du lin au moyen du peignage. J'ai découvert le premier que ces brins, dont la longueur est ordinairement de 4 à 8 décimètres, sont composés de fibrilles d'une ténuité qui les rend presque imperceptibles à l'œil nu, et qui n'ont guère que 50 à 60 millimètres de longueur. Ces fibres, vues au microscope, se montrent sous la forme d'un ruban transparent, poli, brillant, terminé par deux pointes effilées et qui se tord rapidement en forme de vis, quand on le tient suspendu par une de ses extrémités. C'est en ramollissant à l'aide de l'eau froide ou chaude la matière glutineuse qui tient ces fibrilles réunies, et en les faisant ensuite glisser les unes sur les autres, dans le sens de leur longueur, que je parviens à allonger et à amincir ces brins sans les casser et sans diminuer en rien la tenacité des fibres, et c'est ainsi que je puis former avec un lin grossier, un fil plus mince que chacun des brins dont il est composé. »

Confiant dans l'avenir de sa découverte et dans la fortune de Napoléon, Philippe voulut non-seulement remplir, mais dépasser les exigences du programme de 1810. Il voulut présenter non pas seulement une machine construite en grand et en état de fonctionner, mais des manufactures en pleine activité.

Pour atteindre ce but, il ne recula devant aucun risque, devant aucun sacrifice. Sur la foi du million promis, Philippe et ses frères engagèrent avec une patriotique témérité leur patrimoine tout entier, qui représentait encore à cette époque (1811) une valeur de 700,000 francs. A ce prix, une première fabrique de deux mille broches fut installée rue Meslay, puis une seconde, un an après, rue de Charonne. Au mois de mai 1812, Philippe fit présenter à l'Empereur, par l'intermédiaire du ministre Chaptal, des échantillons de fils et de tissus, dans l'espoir que les délais du programme seraient abrégés, en raison des résultats obtenus par le seul concurrent qui se fût présenté jusqu'alors. Mais la bonne volonté du ministre, homme bienveillant et éclairé, fut paralysée par le départ de l'Empereur et, ensuite, par les désastres de la campagne de Russie. Les malheurs de 1813 et ceux qui suivirent occasionnèrent de nouveaux ajournements ; et en définitive, le concours n'eut jamais lieu.

Pour prix de son dévouement courageux à l'intérêt public, Philippe de Girard ne recueillit que la ruine ; sort malheureusement commun au plus grand nombre des inventeurs.

Lorsqu'à défaut de ce million si bien gagné, il espérait trouver au moins une ressource dans la vente de ses produits, les fabriques du nord suspendirent leurs achats, par suite des malheurs du temps. Il lui fallut alors multiplier les emprunts, recourir aux expédients les plus périlleux, puis, en fin de compte, fermer ses fabriques comme toutes les autres.

La chute de l'empire mit le comble aux infortunes de Philippe. En 1815, deux des contre-maîtres qu'il avait formés, emportèrent en Angleterre des calques de ses dessins, des copies de ses brevets, et colportèrent de l'autre côté du détroit, comme étant leur œuvre propre, celle de Philippe de Girard ; et, comme les idées susceptibles d'application pratique font vite fortune en Angleterre, ils trouvèrent bientôt de celle-là 25,000 livres sterling (625,000). L'acheteur, Horace Hall, prit en Angleterre une patente, traduction littérale des brevets français et passa longtemps dans son pays pour un homme de génie ; tandis que Philippe de Girard, nouvel exemple de cet éternel *sic vos non vobis*, complétement ruiné, menacé par ses créanciers dans sa liberté, et méconnu dans son pays, était obligé d'accepter les propositions du gouvernement autrichien qui, plus clairvoyant que celui de France, reconnaissait le génie de ce français et lui confiait la mission de fonder en Autriche des filatures d'après son système.

Généreusement rétribué et entouré d'une juste considération en Allemagne, Girard aurait pu s'y sentir heureux, s'il avait pu l'être loin de sa famille et de sa patrie.

En 1826, Philippe, afin de pouvoir désintéresser ses créanciers et dégréver ce qui restait du domaine de ses pères, accepta la position d'ingénieur en chef des mines de Pologne, que lui faisait offrir le gouvernement Russe. Il créa en 1827, dans le domaine de Guzow, non pas une simple usine, mais une véritable colonie industrielle qui comptait déjà en 1829 plus de cinq cents familles. Le gouvernement russe, reconnaissant, donna à la ville nouvelle le nom de *Girardow*. Ce fut pour cet établissement que Philippe inventa sa seconde machine à draguer et à peigner le lin, dont les principes essentiels se retrouvent encore dans les appareils modernes perfectionnés.

Envoyé par le gouvernement russe, en 1826, en Angleterre,

pour y étudier tout ce qui se rattachait à l'industrie et s'approvisionner de matériel, il eut la douleur de connaître, pour la première fois, la fraude dont il avait été victime onze ans auparavant, de la part de ses contre-maîtres. « J'ai vu la patente prise en 1815, écrit-il à un de ses amis, et j'ai eu la douleur d'y retrouver mes propres dessins.... Au moyen de mes procédés, M. Marshall a, dit-on, acquis déjà plus de vingt millions de bénéfices. »

Philippe de Girard adressa alors au gouvernement français un nouveau mémoire, pour revendiquer, en faveur de sa patrie, l'invention de la filature du lin. Une commission fut nommée; mais ses membres, royalistes, prévenus contre une invention qui avait le tort de dater de l'Empire, la repoussèrent, et déclarèrent ces procédés qui, en Angleterre et en Allemagne, enrichissaient ceux qui en faisaient usage, mauvais sous le rapport mécanique et sous celui du système, ne pouvant donner que des produits incapables de soutenir la concurrence avec le filage à la main.

Néanmoins, grâce à l'emploi général de ces procédés de filature en Angleterre, cette industrie y prit de telles proportions, que les produits français filés à la main ne pouvaient plus soutenir la concurrence contre les produits mécaniques anglais. En présence de ce résultat, le gouvernement, en 1833, comprit la nécessité de faire quelque chose, et il ne trouva rien de mieux que de reprendre clandestinement aux Anglais ce qui avait été en réalité importé de même chez eux dix-huit ans auparavant. Les procédés de Girard, qu'on croyait d'origine purement anglaise, furent recopiés et réexportés en France; mais, de l'inventeur, il ne fut pas question plus que par le passé. Cette persistance à méconnaître ses droits à lui ravir l'honneur de sa découverte, l'affligea plus que tous les désastres financiers qu'il avait subis. Il revendiqua donc de nouveau, en 1840, cette invention qui avait entraîné sa ruine et celle de sa famille, et, dans un mémoire éloquent adressé au roi et aux chambres, il démontra jusqu'à l'évidence que la priorité de l'invention appartenait à la France et à lui-même.

« Comme si ce n'était pas assez, dit-il, que l'inventeur ait été frustré du prix qui lui était si légitimement acquis, ses compatriotes le dépouillent de l'honneur de sa création! Je viens protester contre cet acte de lèse-patrie; je viens réclamer pour mon pays et pour moi cette invention dont tous les pays de l'Europe, excepté la France, ont fait honneur à la France et à moi.

« Je veux prouver que la filature mécanique du lin est une invention purement française ; que c'est par moi seul qu'elle a été créée ; que les Anglais l'ont reçue de nous et qu'ils n'ont ajouté aucun perfectionnement essentiel à cette branche d'industrie. »

Et, pour démontrer ces dernières propositions, Girard entrait dans de nombreux détails techniques prouvant d'une façon lumineuse ses droits à l'invention.

En 1844, Philippe de Girard revint en France et se présenta à l'exposition, où il obtint une véritable ovation ; le jury lui décerna une médaille d'or, mais toutes les sollicitations pour lui faire obtenir, à titre de récompense, sinon le million qu'il avait gagné, au moins une pension dont il avait besoin pour vivre, échouèrent contre la mauvaise volonté du gouvernement, qui craignait sans doute, s'il reconnaissait ses droits, d'être obligé de remplir les conditions du programme de 1810. N'ayant pas de bonnes raisons à donner pour justifier cette résistance, on recourut à la force d'inertie.

Philippe de Girard était septuagénaire, usé par le travail et le chagrin ; la mort vint plus vite pour lui que la justice. Le malheureux grand homme s'éteignit le 26 août 1845 ; ce fut un nom de plus à inscrire dans le martyrologe des inventeurs. A peine mort, on comprit de toutes parts ce que cet homme avait valu ; ce fut un concert d'éloges et de regrets, ce fut à qui s'empresserait de rendre hommage au génie et au caractère de Philippe de Girard.

Aujourd'hui le nom de l'illustre ingénieur brille d'un éclat mérité ; il est inscrit sur les frises du Palais de l'Industrie, et le département du Nord, qui lui doit en partie sa prospérité, et celui de Vaucluse, qui s'honore de l'avoir vu naître, lui ont élevé des statues. Mais ces honneurs tardifs rachètent-ils les longues souffrances du pauvre inventeur ! Né riche, il est mort ruiné, endetté, pour une invention qui, chaque jour, enrichit son pays, tandis qu'en Angleterre, Arkwright, le pauvre barbier de Preston, est mort baron et douze fois millionnaire.

Dans ces dernières années, le développement de la filature mécanique du lin a pris d'immenses proportions dans une grande partie de l'Europe. En France, ce sont les départements du Nord, du Pas-de-Calais, de la Somme et du Calvados qui contiennent le plus grand nombre de ces établissements. La Belgique, qui produit en abondance du lin de la plus belle qualité, possède de magnifiques établissements. Quant à l'Angleterre, elle en possède un très-grand nombre et de la plus haute importance. Cependant, il faut le dire, les produits obtenus par la mécanique, ne sauraient rivaliser ni en beauté ni en solidité avec les fils fins que produit la modeste fileuse au rouet.

CHAPITRE IX

Une des substances textiles les plus répandues et les plus en usage en Chine est le *Mà* ; il y tient lieu de chanvre et de lin.

Le Mà est une espèce d'ortie blanche, à laquelle les botanistes donnent le nom d'*urtica nivea*. C'est une plante vivace, haute d'un mètre et plus, à tiges nombreuses formant une grosse touffe, à grandes feuilles ovales, dentées, couvertes en dessus de poils abondants d'un blanc de neige. Avec les fibres de cette plante, les Chinois fabriquent des tissus blancs ou écrus qui ont beaucoup de rapport avec nos toiles de lin. Ces tissus sont connus en Chine sous le nom de *Hia-pou*, vêtement d'été, et sont remarquables par leur fraîcheur.

Le Mà est surtout cultivé dans l'île de Formose, la province de Fokien et le Kiangsi. Les tiges de cette plante sont coupées, puis placées dans l'eau ; on en retire ensuite les fibres une à une, à la main, on les joint soit par un nœud soit par un simple cordage fait avec les doigts. Les fils attachés sont réunis en pelotons, puis lavés et blanchis. Chaque ménage, dans ces provinces, a généralement un métier à tisser le Mà.

A Java, on cultive le *Ramie* (urtica-utilis). Cette plante atteint un mètre de hauteur. Ses grandes feuilles, longuement pétiolées, rappellent celles du Mà ; ses tiges ont la grosseur du petit doigt.

On cultive le Ramie à Java et dans toutes les îles de l'Océan Indien pour l'excellente filasse qu'il donne. Celle-ci est d'un blanc nacré, très-douce au toucher. Les Indiens en fabriquent d'excellentes étoffes, remarquables par leur finesse et leur longue durée. Des expériences ont démontré que le fil obtenu du Ramie surpasse en ténacité celui du meilleur chanvre, et que sa force d'extension dépasse de moitié celle du lin. Malheureusement cette plante, propre aux régions équatoriales, ne pourrait être cultivée en Europe.

Le *China grass* ou *Rhoa* d'Assam, qu'on pense être une espèce d'ortie de la Chine, est fourni en abondance par cette contrée et par les Indes. Les tissus qu'on obtient de cette plante rivalisent de blancheur et de finesse avec la batiste et de brillant avec la soie. Cette matière est travaillée par des procédés particuliers dans ses premières transformations; l'ébullition et l'emploi des alcalis en forment la base. La Chine produit jusqu'à trois récoltes par an; les deux dernières seulement donnent des fils qui se vendent jusqu'à 25 francs le kilogramme en Angleterre.

L'*Abacca* est une espèce de bananier (*musa textilis*) qui vient principalement dans l'île de Luçon. Dans les îles Phillppines, on utilise, en les filant, les fibres tenues qui composent en grande partie le pétiole des feuilles et les filaments de l'écorce. On joint les fibres les unes aux autres, soit par un nœud, soit par le tordage; leur tissage est exécuté sur des métiers ordinaires. Les tissus d'Abacca sont généralement grossiers.

Le *Jute* nous vient des Indes, à des prix excessivement bas, soit en fils, soit sous forme de tissus grossiers servant d'enveloppe à des produits du pays. Les Anglais le traitent comme le chanvre et l'emploient aux mêmes usages. Mais cette substance n'est apte qu'à produire des fils communs pour la toile à sacs ou pour faire des bâches. Elle présente en outre l'inconvénient de se détériorer rapidement à l'humidité.

Le *Phormium tenax* ou lin de la Nouvelle-Zélande est une grande et belle plante de la famille des Liliacées. — Du milieu d'une touffe de feuilles rubanées, longues d'un à deux mètres, d'un vert gai et luisant, s'élève une hampe rameuse, haute de deux mètres et plus, couverte de belles fleurs jaunes. Cette plante est très-abondante dans la Nouvelle-Zélande ; les naturels tirent des fibres de ses feuilles une filasse aussi remarquable par sa force et sa ténacité que par sa finesse et son luisant soyeux qui lui a valu le nom de soie végétale. Le procédé par lequel ils préparent cette filasse, consiste uniquement à déchirer les feuilles en lanières, à racler ensuite ces lanières et à les battre longtemps dans l'eau en les tordant, afin d'isoler leur portion fibreuse du parenchyme qui l'entoure. Les Nouveaux-Zélandais en fabriquent d'assez belles étoffes, ils en font aussi des lignes et des cordages d'une grande résistance.

Les qualités supérieures qui paraissent distinguer cette matière textile, et surtout sa grande ténacité, qui n'est surpassé que par celle de la soie, la firent accueillir d'abord avec enthousiasme en Europe; malheureusement, l'expérience a démontré que ces qualités précieuses étaient contrebalancées par de nombreux défauts; l'action prolongée de la chaleur humide, celle surtout du blanchissage, ne tardent pas à désagréger les fibres de cette plante; après un ou deux lessivages au plus, les tissus fabriqués avec cette matière se réduisent en étoupes, et les câbles exposés à l'air humide, surtout alternativement à l'eau et à l'air, se rompent promptement et tombent en parcelles.

CHAPITRE X

Le tissage.

Il n'en est pas des progrès du tissage comme de ceux de la filature. Les premiers sont bien anciens et n'ont pas subi tout à coup une modification profonde, analogue à celle qu'à éprouvée la filature en générale, vers la fin du siècle dernier.

Du temps de Virgile, on paraissait familiarisé déjà avec les principaux moyens employés de nos jours dans le tissage, puisqu'il nous apprend dans ses Géorgiques « que les cultivateurs s'occupaient pendant les jours de pluie de l'été à monter les lisses sur les chaînes. » Et, d'après les détails que nous donnent Pline et Ammien Marcellin, leurs métiers à tisser devaient différer fort peu de ceux que l'on emploie encore aujourd'hui pour le tissage à la main.

Les progrès modernes dans l'art du tissage, consistent principalement dans l'établissement du travail mécanique pour les étoffes simples et unies, et dans la simplification des métiers qui servent aux tissus ornés.

Tout tissu est une surface flexible et élastique formée par l'entrelacement régulier de fils soumis à une certaine tension, et dont la superposition détermine l'épaisseur du tissu.

La liaison des fils de presque tous les tissus s'effectue par le croisement de deux séries de fils perpendiculaires entre eux ; ceux de la première sont longitudinaux, isolés les uns des autres et tendus parallèlement dans un même plan vertical ; ces fils constituent la *chaîne*. Les fils de la seconde série entrelacent transversalement ceux de la première, on peut les considérer comme un seul successivement replié et serré sur lui-même, de manière à remplir graduellement l'espace vide laissé sur toute la longueur des fils de la première série ; ce fil transversal constitue la *trame*. Une seule course de trame, égale à la largeur de la chaîne est désignée sous le nom de *duite*.

Fig. 53. — Le tissage à la main.

Le métier à tisser, tel qu'il est connu depuis les temps les plus reculés et qui est encore usité pour le tissage à la main, se compose d'un bâti rectangulaire, formé de montants assemblés par des traverses. A chaque extrémité est fixé sur pivots un rouleau de la largeur de la toile. Les fils de la chaîne vont de l'un à l'autre de ces rouleaux, que l'on nomme ensouple, et s'enroulent de l'un sur l'autre à mesure que la toile se fait.

C'est entre ces fils qu'il s'agit d'établir une liaison intime, de manière à les relier pour produire la surface flexible, dont nous avons parlé plus haut. Supposons tous ces fils séparés en deux parties égales, en fils de numéros pairs et en fils de numéros impairs. On passe deux tiges rigides perpendiculairement à la direction de ceux longitudinaux ; la première au-dessus de tous les pairs au-dessous des impairs ; la seconde au-dessus de tous les impairs et au-dessous de tous les pairs.

Cette disposition, qu'on nomme *enverjures*, permet d'embrasser facilement en même temps tous les fils de chaque moitié de la chaîne, sans avoir besoin de les chercher et sans s'exposer à les mêler. Chacun d'eux passe dans un nœud ou une boucle d'un fil vertical, et tous ceux correspondant aux pairs horizontaux sont réunis à leurs deux extrémités par une baguette. L'ensemble de ce système se nomme une lisse ou lame; il y a de même une lisse pour les impairs. Ces dispositions fournissent les moyens de faire baisser ou monter simultanément l'une ou l'autre série, suivant qu'on baisse ou lève la lisse correspondante; on fait mouvoir alors les deux, l'un après l'autre, au moyen d'une corde qui passe sur une poulie, en établissant une communication entre elles. L'une monte pendant que l'autre baisse; les deux séries de fils suivent leur mouvement, et ceux de la chaîne forment un angle proportionnel au chemin parcouru par la corde de la poulie; cette corde est commandée elle-même par les leviers ou marches auxquelles elle est attachée et que le tisserand fait marcher avec le pied.

Les choses étant dans cet état, on fait passer un fil dans l'angle que forment les deux séries de fils, perpendiculaires à la chaîne, sur toute sa largeur, et l'on donne ensuite aux lames le mouvement opposé, c'est-à-dire on baisse les fils qui avaient été levés et on lève ceux qui avaient été abaissés. On fait passer une seconde duite parallèle à la première et on referme de nouveau l'angle. On voit que la première duite passe alternativement sur tous les fils pairs et sous tous les impairs; la seconde au contraire sous tous les pairs et sur tous les impairs. Le tisserand fait passer ce fil de la trame à l'aide d'une navette. C'est un petit instrument qui a la forme d'une nacelle, pointu des deux bouts; dans son milieu est un espace creux qui renferme une petite bobine sur laquelle est enroulé le fil qui devra se dévider à mesure qu'on fera courir la navette entre les fils de la chaîne.

Pour que le tissu ait la résistance voulue, il faut que chaque duite soit bien également serrée dans le sommet de l'angle. Le serrage régulier, qui établit la liaison intime de la duite avec la chaîne, s'obtient par le choc qu'on imprime à la première au moyen d'un levier d'une forme particulière qu'on nomme *battant*. C'est une espèce de peigne entre les dents duquel passent les fils de la chaîne, et qui, après chaque passage de la navette, frappe un coup pour serrer l'un contre l'autre les fils que la navette a laissés.

Ce qui précède doit suffire pour faire comprendre que le tissage en lui-même est une opération assez simple, mais pour laquelle on a à réaliser des conditions accessoires assez délicates, et dont les sciences mécaniques se sont occupées avec succès. Il est aujourd'hui bien plus facile d'obtenir une pièce d'étoffe régulière par le tissage mécanique que par celui à la main. Au moyen des métiers mécaniques, les trois mouvements qui constituent toute l'opération, c'est-à-dire fouler la marche pour former l'angle de la chaîne, chasser la navette et frapper la duite, sont exécutés avec tant de régularité et de rapidité qu'on pourrait les confondre en un seul. On comprend que toute l'habileté d'un tisserand ne peut suppléer à la régularité du travail d'un métier mécanique.

L'invention des machines à filer fut une conséquence de l'insuffisance du filage à la main, qui ne pouvait produire assez pour alimenter le tissage, et le tissage mécanique, à son tour, prit naissance pour pouvoir marcher de pair avec le nouveau système de filature. Aussi les premières tentatives de tissage automatique eurent-elles lieu en Angleterre pour le coton, après le succès des inventions d'Hargreaves et de Arkwright.

Ce fut d'abord un Anglais, John Kay, qui imagina de remplacer l'antique navette qui se lançait à la main par la navette volante que chasse le choc d'une sorte de ressort en bois.

Puis Cartwright (1784) inventa un métier qui tissait de lui-même. Tel fut le point de départ du tissage automatique, et l'on peut dire qu'aucune spécialité industrielle n'a présenté une quantité plus considérable d'inventions. Depuis que l'impulsion a été donnée, chaque année a vu apparaître un nouveau métier mécanique à tisser, tant en Angleterre qu'en France.

Au sortir du métier les toiles sont teintes d'une couleur rousse, ce sont des toiles écrues, il s'agit de les blanchir.

Cette couleur rousse, peu agréable, qui masque la blancheur naturelle de la cellulose, est due à des matières gommo-résineuses qui existaient primitivement dans la plante et dont l'effet est de réunir entre eux les filaments de cellulose. Pour débarrasser la toile de ces impuretés, on ne connaissait autrefois d'autre moyen que d'étendre les pièces sur un pré et de les exposer ainsi plus ou moins longtemps à l'action de l'air et de la rosée.

Nous avons vu de quelle inaltérabilité est douée la cellulose elle résiste à l'oxygène de l'air et à une foule d'autres agents destructeurs. Les matières étrangères qui altèrent sa blancheur

Fig. 86. — Le tissage mécanique.

sont au contraire facilement attaquables par l'oxygène de l'air et par la rosée. Transformées par ces agents, elles deviennent susceptibles de se dissoudre dans une lessive, de telle sorte qu'en alternant plusieurs fois les expositions sur le pré et les lessivages, on parvenait au bout de plusieurs mois, à rendre les toiles d'une blancheur parfaite. Mais ce procédé était d'une longueur désespérante, et de plus, il nécessitait l'emploi de vastes prairies qui étaient ainsi enlevées à l'agriculture.

Ce fut en 1785 qu'un illustre chimiste, Berthollet, découvrit que le chlore, employé dans certaines proportions, produisait sur les matières colorantes végétales le même effet que l'air et la rosée, dans un temps incomparablement plus court, et sans attaquer la cellulose elle-même. Il créa l'art du blanchiment, tel qu'on le pratique aujourd'hui. Ce procédé consiste à tremper à plusieurs reprises les toiles dans une combinaison de chlore et de chaux dissoute dans l'eau, puis à les faire bouillir dans une chaudière avec de la lessive de cendres.

Il est nécessaire de répéter douze à quinze fois ces opérations pour obtenir une entière blancheur.

CHAPITRE XI

Bien avant que l'homme songeât à faire du papier, et même avant sa venue sur la terre, il existait des fabricants de papier auxquels Dieu lui-même avait appris les procédés de leur art. Comme les gentilhommes papetiers et verriers du moyen-âge, ces ouvriers de la nature portaient l'épée, non au côté, il est vrai, mais à l'extrémité du corps, et ils avaient reçu quatre ailes, afin de pouvoir déployer plus d'activité et suppléer à la petitesse de leur taille. Sans aller plus loin, je veux parler des guêpes qui, par des procédés admirables et assez semblables aux nôtres, fabriquent un véritable papier, lisse, solide, imperméable et bien encollé; un papier sur lequel on peut parfaitement écrire. Ce n'est pas dans ce but, à coup sûr, que les guêpes fabriquent leurs produits; le papier qu'elles font leur sert à construire leurs maisons et les berceaux de leurs enfants. C'est peut-être bien d'elles que les Chinois ont pris cette ingénieuse invention, car ils fabriquent de temps immémorial, par les mêmes procédés, un papier de fibres végétales qui leur sert, non-seulement à écrire et à se vêtir, mais encore à faire un carton très-résistant dont ils construisent des maisons portatives (1).

C'est un même but qui retient les abeilles dans une ruche et réunit les guêpes en société.

Elles travaillent avec une égale ardeur à construire des gâteaux composés de cellules hexagonales qui sont destinées à recevoir un œuf et à fournir un logement au ver qui doit en sortir, jusqu'à ce qu'il soit devenu guêpe. Mais ces cellules ne sont

(1) Thunberg. Voy. au Japon.

pas faites de cire comme celles des abeilles, leur matière est une sorte de papier.

Les diverses espèces de guêpes choisissent des lieux différents pour construire leurs guêpiers; mais toutes le font de la même substance. Les unes ne craignent pas de le laisser exposé à toutes les injures de l'air et le suspendent à une branche d'arbre; les autres le mettent à couvert; celles-ci le logent dans un tronc d'arbre creux; celles-là le cachent sous terre et souvent, pour s'épargner un pénible travail, profitent habilement des souterrains que se creusent la taupe et le mulot. Une galerie plus ou moins longue conduit à la porte de la petite ville souterraine qui, pour n'être pas bâtie dans le goût des nôtres, n'en a pas moins sa symétrie; les rues et les logements y sont régulièrement distribués. Leur ville est entourée de murs de tous côtés, et ces murs sont construits en papier; ils enveloppent le nid comme une boîte et ont pour but de mettre l'habitation à l'abri de l'eau des pluies qui perce quelquefois la terre.

Pour faire ce papier fin, solide et imperméable à l'eau, les guêpes emploient des fibres ligneuses qu'elles vont chercher sur les treillages des espaliers, les vieilles poutres, en un mot, sur le bois vieux et sec qui a été pendant longtemps exposé aux injures de l'air, et dont les fibres se désagrègent plus facilement. De même que nous faisons rouir le lin et le chanvre avant de nous en servir, ce vieux bois, qui a été soumis pendant des années à l'action du soleil et de la pluie, se trouve dans l'état du lin rout.

Pour faire un papier solide, la guêpe a besoin de fibres d'une certaine longueur, aussi n'enlève-t-elle pas le bois par petits fragments, mais elle en presse les fibres avec ses mâchoires, les écarte les unes des autres, et, après les avoir en quelque sorte réduites en charpie, elle les tire en haut et les coupe. Quand elle a détaché du bois un petit faisceau de fibres, longues de trois à quatre millimètres environ, et plus fines qu'un cheveu, elle les réunit avec ses pattes en un petit paquet qu'elle emporte au nid. Avant d'employer ces fibres ligneuses, la guêpe les mâchonne, les triture, les humecte d'une salive glutineuse qui les fait adhérer ensemble, et les pétrit enfin en une sorte de papier mâché. La guêpe met alors sa boulette en place, et à l'aide de ses mandibules et de sa langue, elle l'aplatit et l'étale en une plaque mince et homogène comme une feuille de papier. Mais comme une seule couverture de ce papier suffirait à peine pour empêcher la terre de tomber dans le nid, et que l'eau finirait par la pénétrer, l'industrieux insecte applique l'une par dessus l'autre quinze à seize couches de ce papier, qui donnent au mur une grande épaisseur. Puis, au moyen de sa langue qu'elle passe et repasse sur la surface, la guêpe lisse et vernit avec sa salive l'extérieur de la couche de papier, afin de la rendre imperméable à l'humidité.

La guêpe est un fabricant de papier des plus laborieux et des plus intelligents. Alors que l'homme traçait encore des caractères informes sur le bois, sur la pierre, sur le plomb, la guêpe connaissait seule le moyen de réduire en pâte les fibres végétales, de les unir au moyen d'une sorte de colle, et d'étendre cette substance en une feuille de papier mince et unie. Tels sont exactement les procédés actuels du fabricant de papier.

Plus habile même que certains manufacturiers, la guêpe a soin de conserver ses fibres d'une certaine longueur, ce qui rend son papier aussi résistant que le requiert son usage. Beaucoup de fabricants hachent leurs matériaux en si petits fragments qu'ils produisent un papier sans consistance. La plus grande différence qui existe entre le bon et le mauvais papier est son plus ou moins de résistance, et cette différence est toujours produite par le traitement de la fibre dont il est composé; si celle-ci est longue, le papier est bien feutré et résistant; si elle est courte, le papier est sans force et friable.

L'homme, avec son intelligence, marche à pas lents, il tâtonne et progresse. La guêpe, douée d'un merveilleux instinct, a travaillé à sa manufacture de papier depuis qu'elle est au monde, avec les mêmes matériaux et les mêmes instruments, et le succès de sa méthode n'a pas varié; elle n'a jamais fait plus mal, et jamais elle ne fera mieux.

Une espèce de Guêpe du Nouveau-Monde, la guêpe cartonnière de Cayenne, surpasse de beaucoup l'industrie de nos guêpes communes. Tous les voyageurs s'accordent à dire que le papier dont elle forme l'enveloppe et la couverture de son nid est tellement doux, tellement fort, d'une texture si égale et d'un si beau blanc, que le plus habile manufacturier serait fier d'en produire de pareil.

CHAPITRE XII

De tous les peuples de la terre, celui chez qui l'art de fabriquer un papier de pâte a été connu et pratiqué le plus anciennement est le peuple chinois. De temps immémorial il en fait de très-beau, et d'une grandeur de format à laquelle l'industrie des européens n'a pu atteindre que dans ces derniers temps.

Nous connaissons plusieurs sortes de papiers fabriqués en Chine ; ils annoncent tous un grand art, une grande adresse et peuvent être appliqués utilement à différents usages.

Ces diverses sortes de papiers varient surtout par les substances dont ils sont fabriqués et par les manipulations auxquelles on les soumet. Les matières principales qu'ils emploient sont les fibres du bambou, l'écorce intérieure du mûrier à papier, celle du Fou-Yong (*hibiscus*), et les filaments du cotonnier.

La méthode employée pour fabriquer le papier avec les diverses écorces d'arbres est à peu près la même qu'on suit lorsqu'on fait usage du bambou ; ainsi en décrivant cette méthode à l'égard du bambou, nous donnerons une idée de celle qu'on suit quand on emploie les écorces intérieures du mûrier, du fou-yong et des diverses autres plantes. Tous ces papiers sont confondus sous le nom générique de *Pi-tchi* ou papiers d'écorce.

Le bambou, que les Chinois nomment *tchou*, est le géant de la famille des Graminées ; majestueux comme les palmiers, sa tige droite et simple s'élève à quinze et vingt mètres de hauteur ; de ses nœuds espacés régulièrement naissent un très-grand nombre de rameaux verticillés, chargés de longues feuilles semblables à celles du roseau. Comme tous ses congénères, le bambou est un des végétaux les plus utiles dans les contrées où la Providence l'a fait naître. Ses tiges creuses et légères, mais très-solides, servent à faire des conduits, des vases, des sceaux, et d'autres ustensiles de ménage; les plus fortes s'emploient pour la charpente des édifices, son bois sert à faire les meubles communs; avec les fibres qu'on en détache on fait des nattes, des paniers, des chapeaux, etc.; ses feuilles servent à couvrir le toit du pauvre. Des nœuds de cette plante découle une liqueur douce et agréable, susceptible de fermentation, et qui, sous l'action de la chaleur, se concrète en un véritable sucre. Ses jeunes pousses se mangent comme chez nous les asperges; enfin, il fournit le pinceau avec lequel les Chinois tracent leurs caractères, aussi bien que le papier sur lequel ils les écrivent.

L'*Encyclopédie chinoise* décrit en détail tous les procédés relatifs à la fabrication du papier de bambou, et nous en devons la traduction au savant sinologue Stanislas Julien. L'on peut voir, en outre, au cabinet des estampes de la Bibliothèque impériale, un recueil très-curieux de planches peintes en Chine qui représentent les détails de la fabrication du papier.

Presque tout le papier de bambou se tire des provinces méridionales de la Chine, et c'est dans le Foklen que cette fabrication est le plus florissante. — Lorsque les premières pousses de bambou commencent à se montrer ou choisit de préférence ceux qui sont sur le point de donner des branches et des feuilles. Au commencement de juin on va sur la montagne abattre les bambous. On les coupe par tronçons d'un mètre et demi à deux mètres de longueur que l'on fend ensuite en baguettes. Sur la montagne même on creuse un bassin et l'on y amène de l'eau pour faire tremper les faisceaux de baguettes. Pour éviter que l'eau tarisse, on établit des tuyaux de bambou qui communiquent au bassin et y amènent continuollement l'eau des cascades et des ruisseaux.

Lorsque les faisceaux de bambou ont trempé pendant cinq ou six semaines et sont suffisamment attendris, on les bat avec un maillet et l'on enlève l'écorce grossière et la peau verte au-dessous de laquelle se trouvent des filaments qui ressemblent à ceux du chanvre. On lave ces filaments à l'eau pure puis on les met à sec dans un grand fossé et on les recouvre de chaux; on les arrose pour faire dissoudre celle-ci, puis on les retire de cette fosse et, après les avoir lavés une seconde fois à grande eau, on les expose aux rayons du soleil pour les faire sécher et les blanchir. On met alors les filaments dans une grande cuve sous laquelle on allume du feu, et où ils éprouvent toute l'action de l'eau bouillante. Après cette opération, on achève de les réduire en une pâte très-fine en les triturant dans des mortiers de bois.

La pâte étant ainsi préparée, on prend quelques rejetons d'une plante nommée *kotang*; on les met tremper quatre ou cinq jours dans l'eau jusqu'à ce qu'ils rendent une matière onctueuse et gluante qu'on mêle à la pâte, lorsqu'on se propose d'en fabriquer du papier; puis on bat le tout dans les mortiers jusqu'à ce que le mélange soit réduit en une liqueur épaisse et visqueuse. On en remplit alors de grandes cuves ou réservoirs dont les bords sont à hauteur d'appui.

Les ouvriers plongent leur forme dans la liqueur et en enlèvent la quantité suffisante pour faire une feuille de papier. Aussitôt que la forme est sortie de la liqueur, la feuille prend une entière consistance, parce que l'extrait gluant et visqueux du kotang donne la plus grande liaison aux parties fibreuses de la pâte; ainsi le papier se trouve au sortir de la cuve, compacte, doux, luisant, et l'ouvrier le détache de la forme sans aucune difficulté, en renversant la feuille sur le tas de papier déjà fabriqué.

Les formes ou moules avec lesquels on fait ce papier, sont construits avec des filaments de bambou minces comme de fils de soie. On en fait une espèce de tissu serré qui se monte sur un cadre en bois.

Quand il se trouve un millier de feuilles entassées sur la table, on place par-dessus une planche, on entoure le tout d'une corde et l'on serre avec un bâton, de manière à faire écouler toute l'eau contenue dans le papier. Ensuite, avec une petite pince de bambou, on lève les feuilles une à une et on les fait sécher en les appliquant sur les faces d'un mur creux dans les vides duquel circule la flamme d'un poêle. Au moyen de cette étuve, les Chinois sèchent leur papier aussi vite qu'ils le fabriquent. Dans la saison chaude et dans les provinces du Midi, la chaleur seule du soleil suffit.

Lorsque les feuilles sont sèches, on les colle en les trempant une à une dans une dissolution d'alun. Cet apprêt qui est le seul collage que l'on donne au papier de bambou, l'empêche de boire l'encre ou les couleurs qu'on peut y mettre. On achève de le lisser et de le lustrer en le frottant avec un corps dur et poli.

Le papier que l'on fait de la sorte est assez blanc, doux,

bien feutré et uni ; cependant, ce papier est plus cassant que le nôtre et les vers s'y mettent facilement. Ce papier de bambou n'est d'ailleurs ni le meilleur ni le plus usité en Chine ; celui dont on se sert le plus communément est le papier du *ku-chu*, espèce de mûrier. On les prépare avec les fibres du liber après avoir enlevé l'écorce extérieure et en suivant les mêmes procédés que pour le bambou.

Au Japon, les fabricants de papier ne se servent pas de formes pour faire les feuilles d'un petit format. Quand la pâte du papier est faite, ils placent une large pierre bleuâtre sur une espèce de poêle que l'on chauffe en dessous. La pierre ne tarde pas à devenir brûlante. Ils prennent alors une large brosse semblable à celle dont se servent les colleurs, et la trempent dans la pâte liquide. Ils en appliquent une couche mince sur toute leur surface de la pierre et, à l'instant, le papier est fait.

Les Japonais fabriquent aussi, au moyen de formes de très-grandes dimensions, un papier très-fort qu'ils peignent très-joliment pour en faire des tentures. Il ressemble d'ailleurs tellement à une étoffe de soie qu'on pourrait s'y méprendre aisément.

Les Coréens, qui emploient les procédés Chinois pour la fabrication du papier, en font d'une étoffe plus solide et plus durable. C'est en partie avec ce papier qu'ils paient leurs tributs à l'Empereur ; ils en font en outre un commerce considérable. Les Chinois n'emploient pas ce papier coréen pour l'écriture ; ils en garnissent les châssis de leurs fenêtres en guise de vitres, parce qu'il résiste mieux que les leurs au vent et à la pluie ; ils huilent souvent ce papier pour cet usage.

Quant au papier si fin, si lisse et si tenace, connu sous le nom de papier de riz, et sur lequel les Chinois peignent de si fines miniatures, c'est un produit dont le principe de fabrication est bien différent des précédents. Ce sont des feuillets très-minces, découpés avec une habileté singulière dans la moelle de l'*aralia papyrifera*. Ici, le tissu cellulaire n'a subi aucune préparation autre que la mise en presse et le satinage.

CHAPITRE XIII

C'est donc aux Chinois qu'est due l'invention du papier formé de fibres végétales. Plusieurs siècles avant notre ère, ce peuple industrieux fabriquait du papier avec les fibres du bambou, du cotonnier et de plusieurs autres plantes réduites en pâte par la trituration.

Transmis aux Persans vers l'an 650, adoptés par les Arabes un demi-siècle plus tard, ces procédés furent apportés par ces derniers en Espagne, et de là pénétrèrent dans le reste de l'Europe. Nous avons dit (Iʳᵉ partie, ch. xiii), comment les Espagnols remplacèrent le coton par le lin et les chiffons dans la fabrication du papier et de quels heureux résultats fut suivie cette innovation pour la civilisation du monde.

L'art de l'imprimerie aurait été comparativement de peu d'importance, si on ne lui avait pas procuré une substance aussi propre à recevoir l'impression. Alors qu'on ne connaissait que le papyrus et le parchemin, il était impossible de se les procurer en assez grande quantité pour répandre ces innombrables volumes, sans lesquels la plus grande partie du genre humain serait encore plongée dans la barbare ignorance des premiers siècles.

Le papier de coton, quoiqu'il présentât une grande amélioration, était encore une substance peu répandue en Europe à cette époque, et facilement périssable. Outre les avantages inhérents au papier de chiffons, le perfectionnement de l'art consistait à pouvoir trouver en assez grande abondance une matière aisée à travailler. Il est impossible d'en imaginer une plus économique, ni plus commune que les vieux lambeaux de nos vêtements, le linge usé et autres choses semblables qui, pendant tant de siècles, ont été abandonnés sans utilité à la pourriture, et dont il ne semblait pas que l'on dût jamais tirer parti; d'un autre côté, l'on ne saurait concevoir un travail plus simple qu'une trituration de quelques heures.

Tous les tissus d'origine végétale, depuis les plus fines dentelles jusqu'aux grossiers tissus de genêt et de jute, peuvent entrer dans la confection de la pâte à papier.

Les manufacturiers se procurent les chiffons, soit par la voie des paysans qui les avoisinent, soit par le commerce. Beaucoup de fabriques bien placées se procurent, presque sans frais de transports, les matières premières, et voici comment : Ils font de légères avances à des femmes de la campagne, et parviennent à établir ainsi, dans un rayon de quelques lieues autour de leurs manufactures, des cueillettes très-abondantes de chiffons qui étaient perdus auparavant. Les enfants, les femmes, les vieillards ramassent ces chiffons partout sans peine, et les portent sans frais les jours de foire et de marché au chef-lieu de canton ou dans la ville voisine, et de là, de proche en proche, et presque toujours sans frais, les chiffons arrivent aux manufactures.

Dans les villes un peu considérables, ce sont des hommes, des femmes et des enfants qui font métier de recueillir dans les rues tous les chiffons de quelque nature qu'ils soient, les vieux papiers et les cartons. Ce sont les chiffonniers.

Pour les personnes du monde, il n'y a d'autre chiffonnier que celui qui, la hotte sur le dos, le crochet et la lanterne à la main, parcourt de nuit les rues, travaillant au coin des bornes. Elles ne connaissent pas le chiffonnier en grand, le négociant, dont celui-là n'est que l'émissaire, et qui lui achète sa récolte quotidienne.

Parmi les petits métiers, celui de chiffonnier n'est pas un des moins lucratifs, ce qui ne les empêche pas d'être, pour la plupart, des types de misère et de malpropreté, ce qu'ils pourraient facilement éviter s'ils n'y joignaient l'intempérance. Dans ce métier tout est profit. Le chiffonnage ne demande qu'une première mise de fonds de six francs, prix que coûtent la médaille, le mannequin, le crochet et la lanterne. Cet industriel obscur ne ramasse pas seulement les chiffons, comme son nom semblerait l'indiquer ; les os, la ferraille, le verre cassé, le carton, le cuir, tout lui est bon, et se convertit en argent entre ses mains ; sans compter qu'il lui arrive souvent, dans ses recherches, de trouver des pièces de monnaie, des bijoux et autres objets d'une certaine valeur.

Arrivés chez eux, les chiffonniers séparent tous ces objets selon leurs qualités et les vendent à des marchands de chiffons en
gros qui en font des balles qu'ils adressent aux papeteries où dont
ils chargent des navires; et il n'est nulle marchandise dont le
débit soit plus assuré.

Suivant les pays, on donne des noms différents aux chiffons,
drapeaux, drilles, peilles.

Les chiffonniers livrent au marchand les chiffons en garenne,
c'est-à-dire que toutes les qualités sont mêlées ; le marchand en
gros, qui recueille les chiffons et les envoie aux papeteries, les
trie en partie et les emballe suivant leurs diverses qualités ; mais
ce triage grossièrement fait ne dispense pas le manufacturier de
faire faire un triage plus soigné et plus directement appliqué à la
fabrication du papier.

Le prix des chiffons est la principale base du prix des papiers,
et la valeur et la consommation des chiffons est presque toujours
en rapport avec le degré d'instruction et de prospérité des divers
peuples. Ainsi, tandis que la France ne transforme en papier que
cent millions de kilogrammes de chiffons par an, l'Angleterre en
emploie cent cinquante millions et les États-Unis plus de deux
cents cinquante millions.

La France est plus riche en chiffons qu'aucune autre contrée,
non-seulement parce qu'elle est un des pays les plus peuplés,
mais parce que, comparativement, ses habitants font une plus
grande consommation de toiles de lin et de chanvre. Elle se
suffirait donc à elle-même, si les pays étrangers et surtout l'Angleterre ou l'Amérique, où le prix du chiffon est plus élevé, ne
lui en enlevaient une partie, surtout depuis la liberté du commerce. La consommation du linge n'augmentant pas dans la
même proportion que celle du papier, il s'en suit que la matière
première tend à devenir de plus en plus rare, on a donc été
conduit peu à peu à employer des matières autrefois négligées,
telles que ficelles, cordes, filets de pêche, rognures de papier de
toutes sortes. Depuis plusieurs années, la science industrielle
s'est vivement préoccupée des moyens propres à renouveler la
source des approvisionnements et l'on est parvenu à fabriquer
du papier avec plusieurs autres matières dont nous parlerons
plus loin.

CHAPITRE XIV

La manufacture de papier.

Vous vous rappellerez sans doute, que notre fabrique était placée dans une situation aussi pittoresque que favorable. Ses longs bâtiments s'étendaient sur les bords d'un petit affluent torrentueux de la Vire, qui mettait à sa disposition une masse d'eau limpide suffisante pour les besoins de la fabrication. Une chute, ménagée avec art pour la mettre à l'abri des regorgements, conservait même pendant les basses eaux, une force suffisante pour faire marcher la grande roue à palettes et pour éviter les chômages qu'aurait pu occasionner l'insuffisance de la chute ; pendant des chaleurs exceptionnelles, une machine à vapeur était prête à fonctionner au besoin.

À l'extrémité gauche était situé le corps de bâtiment consacré à la réception et au triage des chiffons. Ce travail était réservé a des femmes, la plupart épouses, sœurs ou filles des ouvriers de la fabrique. Entrons donc dans l'atelier de *dérompage*, c'est le nom qu'on donne aux opérations qui ont pour but la préparation et le triage des chiffons.

Dans la longueur de la salle sont disposés en ligne des établis, dont la tablette est garnie d'une grille en fils métalliques ; de distance en distance sont fixées à la table des lames en forme de faux, sur le tranchant desquelles l'ouvrière coupe le chiffon en morceaux à peu près égaux de cinq à six centimètres de long sur dix de large. Trop grands, ils engorgeraient les cylindres broyeurs et retarderaient le travail ; trop petits, ils donneraien' une fibre trop courte et subiraient un grand déchet. A mesure qu'elle les coupe, l'ouvrière frappe les chiffons sur le grillage de l'établi, à travers les mailles duquel tombent les corps étrangers et la poussière ; elle a soin de défaire les ourlets et

10.

Fig. 28. — L'atelier de dérompage.

d'enlever les nœuds des fils à coudre qui formeraient des boutons dans le papier ; puis elle les jette dans l'une des caisses placées devant elle, selon la qualité à laquelle ils appartiennent. Ce travail demande une certaine adresse et l'intelligence du toucher et du coup-d'œil. Avant de quitter l'atelier, les chiffons triés sont soumis à un contrôle minutieux de la part du chef d'atelier, puis portés dans des mannes au lavage.

Les chiffons se divisent en lots nombreux, suivant leurs diverses qualités ; la division se fait par nature de tissu : lin, chanvre, coton ; par degré de finesse, gros, moyens, fins, très-fins ; d'après leur état d'usure, neufs, demi-neufs, usés, très-usés ; leur coloration, blancs, écrus, clairs, foncés, très-foncés, etc. On fait également plusieurs lots des cordes et ficelles.

Le triage des chiffons est une opération très-importante ; c'est d'elle que dépend en grande partie la bonne qualité du papier.

Le succès d'une bonne trituration dépend surtout d'une égale résistance ou dureté des chiffons. Il est facile de comprendre, en effet, qu'un chiffon plus usé est plus facile à broyer que celui qui, au même degré de finesse, est plus neuf et que, par conséquent, sous l'effort des lames des cylindres, si on les passe en même temps, le premier, qui se triture plus facilement, sera réduit en poussière avant que le second soit suffisamment atteint, ce qui occasionne un déchet considérable. On traite donc séparément chaque espèce de chiffons pour la réduire en pâte, et c'est par le mélange des pâtes qu'un fabricant habile arrive à obtenir des produits supérieurs.

De l'atelier de dérompage les chiffons passent dans celui du nettoyage ; on les enferme dans un *blutoir*, sorte de boîte en toile métallique animée d'un mouvement de rotation très-rapide, où la poussière et les impuretés s'échappent au travers des mailles. On les soumet ensuite pendant plusieurs heures à l'action de la lessive, puis on les rince à l'eau pure.

Autrefois, après ce premier lavage, on faisait pourrir le chiffon en l'abandonnant pendant un mois et plus à la fermentation putride ; mais on a généralement renoncé à ce procédé qui énerve la fibre, cause de la perte et donne un papier moins solide et moins blanc. On remplace aujourd'hui cette opération en l'immergeant pendant huit à dix heures dans une lessive d'eau de chaux suffisamment chargée ; la lessive doit être plus ou moins forte, selon la qualité du chiffon et son degré de saleté.

Il s'agit maintenant de réduire les chiffons en une véritable pâte, c'est-à-dire de détruire les tissus et de les transformer en filaments longs, souples et intimement mêlés de manière à former un feutre résistant.

On se servait autrefois pour triturer les chiffons de moulins à pilons, qui consistaient en lourds maillets, soulevés à intervalles égaux par les cames d'un arbre mu par une roue mise elle-même en mouvement par un cours d'eau.

Ces maillets retombaient sur le chiffon enlassé dans des piles ou mortiers creusés dans une forte pièce de chêne, et qui recevaient l'eau par de petits tuyaux communiquant avec un réservoir. Ces lourds marteaux, destinés à effilocher le chiffon, étaient garnis d'énormes clous de fer pointus et tranchants qui hachaient le chiffon. Celui-ci, trituré pendant plusieurs heures, se blanchissait en même temps qu'il se divisait, l'eau qui le lavait se renouvelant continuellement par les tuyaux, et sortant des piles chargée de toutes les matières grasses qu'elle entraînait.

De nos jours, presque toutes les manufactures ont remplacé les moulins à pilons par celui à cylindre, imaginé et mis en pratique par les Hollandais dans le siècle dernier.

Cette machine, beaucoup perfectionnée par les Anglais, porte le nom de *défileuse*.

Figurez-vous une cuve de forme ovale remplie d'eau ; dans cette cuve, et contre une des parois, se trouve un cylindre en bois et mieux en fonte, qui peut tourner rapidement sur son axe et qui est hérissé de lames de couteau. Ces lames, creusées de cannelures, se croisent pendant la rotation avec d'autres lames implantées verticalement dans le fond de la cuve.

Le cylindre étant mis en mouvement avec une vitesse d'environ cent vingt tours à la minute, on jette une certaine quantité de chiffons dans la cuve, où ils sont entraînés avec une grande rapidité par les lames du cylindre qui les déchirent et les déchiquettent en petits brins ; puis ils sont rejetés sur un plan incliné, formé d'une toile métallique à travers laquelle s'écoule l'eau sale, pendant qu'un tuyau d'alimentation fournit de l'eau pure à la cuve. Au bout de quelque temps, on a une pâte homogène, mais dont la couleur dépend de celle qu'avaient les chiffons. Pour donner à cette pâte une blancheur parfaite, on emploie le chlore, que nous avons déjà vu appliquer au blanchiment des toiles. Cette substance agit de même sur la pâte de chiffons ; mais,

Fig. 27. — Les défileuses.

si la cellulose résiste à l'action du chlore, c'est à la condition que cette action ne soit pas trop prolongée ; sinon elle est altérée, devient plus fragile, et le papier qui en résulte jaunit au bout d'un certain temps, se tache, et finit par tomber en poussière.

Après avoir soumis à la presse la pâte retirée du cylindre défileur, afin d'en exprimer autant d'eau qu'il est possible, on la porte dans les cuves à blanchir. Ces cuves sont ovales ou carrées, construites en bois blanc, cerclées en fer et fermées par un couvercle en bois, ajusté de manière à fermer hermétiquement la cuve, afin de mettre les ouvriers à l'abri des émanations irritantes du gaz-chlore. Les cuves ont environ deux mètres de longueur sur un mètre de large et un mètre de profondeur ; elles sont rangées contre une cloison éloignée du gros mur d'environ deux mètres. C'est dans cet espace que sont construits les fourneaux dans lesquels se fabrique le chlore. Il y a autant de fourneaux que de cuves. Un gros ballon d'environ huit litres de capacité est placé dans chaque fourneau ; son col est prolongé par un long tube coudé, en plomb, qui traverse la cloison et va s'engager dans un trou pratiqué au milieu du couvercle de la cuve, où il est exactement luté de même qu'au col du ballon. C'est dans ce ballon, qui est placé sur le fourneau dans un bain de sable, que l'on introduit les substances propres à produire le chlore gazeux : ce sont cent parties d'oxyde de manganèse et trois cents d'acide chlorhydrique.

On commence par remplir la cuve, à moitié, de pâte que l'on comprime fortement en forme de boules. Malgré l'action de la presse, il reste suffisamment d'humidité pour que la pâte conserve la forme qu'on lui imprime ; et cette humidité est en outre nécessaire pour attirer et retenir le chlore gazeux et le faire pénétrer par tout dans la pâte. On recouvre la cuve de son couvercle qu'on fixe au moyen d'agrafes en fer ; on charge le ballon et l'on allume le feu. Quelques heures suffisent pour que le gaz soit entièrement dégagé ; mais ce n'est qu'au bout de trente-six heures qu'on découvre la cuve. Alors on trouve toute la pâte d'un blanc parfait jusque dans l'intérieur ; le gaz-chlore a été entièrement absorbé par la pâte, à tel point que la cuve découverte ne donne presque pas d'odeur.

On se sert également du chlore liquide, que l'on obtient par une dissolution de chlorure de chaux ; un kilo de chlorure sec donne dix kilos de chlore liquide. Les solutions de chlorure de

Fig. 29. — Les cuves à blanchir.

chaux doivent s'opérer dans des cuviers doublés intérieurement
en plomb. Cette préparation faite, on verse la liqueur de chlorure de chaux dans une cuve, et l'on y ajoute ensuite la pâte
délayée dans de l'eau. On brasse cette bouillie à l'aide d'une
spatule en bois, et on laisse agir pendant deux ou trois jours, en
agitant le mélange de temps à autre. On soutire alors le liquide
au moyen d'une cannelle recouverte en dedans d'une toile de
crin pour s'opposer au passage de la pâte. — Dans les deux procédés on lave la pâte à l'eau pure, puis on la soumet à l'action
de l'antichlore, composé d'acide sulfurique et de soude, qui a
pour mission de neutraliser le chlore qui reste dans la pâte, et
dont le séjour prolongé finirait par altérer la qualité du papier.

L'effet du gaz chlore sur la pâte est plus énergique que celui
du chlorure de chaux ; cependant, ce dernier en compromet
peut-être moins la solidité ; l'abus en est moins nuisible.

La trituration des chiffons, suspendue pour opérer le blanchiment, est alors reprise et achevée par le cylindre raffineur ;
celui-ci ne diffère du premier que par le plus grand nombre de
ses lames, par conséquent plus rapprochées.

Nous avons vu avec quel soin on opère le triage des diverses
qualités de chiffons, afin d'obtenir sous le cylindre défileur une
pâte homogène. Les diverses espèces de chiffons, les cordes,
filets, débriets, etc., donnent en effet des pâtes de qualités bien
différentes. Les chiffons fins, les chiffons usés et ceux de coton
se blanchissent aisément ; les papiers qui en proviennent sont
très-blancs, opaques, doux, mais ils sont mous et sans consistance. Au contraire, les chiffons grossiers et les chiffons peu usés
sont plus difficiles à blanchir et à triturer, et les papiers qui en
proviennent sont nerveux, sonores, mais durs et transparents, et
d'un apprêt moins facile. Le mélange de ces pâtes fait avec dis-
cernement neutralise les défauts des unes par les qualités des
autres, et permet d'obtenir de beaux et bons produits. C'est l'expérience qui indique les proportions dans lesquelles doivent s'o-
pérer ces mélanges. Généralement, on doit employer en plus
grande quantité les chiffons de chanvre et de lin à la fabrication
des papiers, dans lesquels la transparence et la solidité sont les
qualités requises, tels que les papiers d'écriture, de dessin, de
registres. On fait entrer, au contraire, en plus grande proportion
les chiffons de coton dans les pâtes destinées à la fabrication des
papiers d'impression et de gravure. Toutefois, ces différentes

espèces de chiffons ne doivent pas s'employer isolément, surtout ceux de coton, qui donnent, il est vrai, un papier très-blanc, très-doux, et flatteur à l'œil, mais qui est loin d'offrir les mêmes garanties de solidité que celui de chiffons de toile. Ces papiers de coton se détériorent promptement, surtout à l'humidité. Les Anglais emploient presque exclusivement les chiffons de coton; mais ils en compensent la débilité en les unissant à des débris de cordages, de voiles et d'emballages, dont la fibre solide et nerveuse donne à la pâte cette solidité qui est une des principales qualités du papier.

Jusqu'en 1800, époque à laquelle Robert, ouvrier à la papeterie d'Essonnes, inventa la première machine propre à faire des feuilles d'une grande étendue, on ne fabriquait le papier qu'à la main; c'est ce que l'on nomme *papier à la cuve*. Mais bien qu'aujourd'hui les machines aient remplacé dans la plupart des papeteries le travail à la main, beaucoup de petites fabriques emploient encore les anciens procédés, qui, il faut bien le dire, donnent des produits supérieurs; aussi, même dans les grandes fabriques, a-t-on conservé l'usage des cuves pour la fabrication de certains papiers fins ou de luxe. Un dixième au moins du papier qui se fabrique en France, se fait à la main.

La cuve qui a donné son nom au travail à la main, est construite en bois; elle a ordinairement deux mètres de diamètre, et un mètre de profondeur, elle est reliée solidement avec des cercles en fer, et posée sur des chantiers. Dans le fond de la cuve est ajusté une espèce de chaudron en cuivre muni d'une grille, dont l'ouverture est naturellement tournée en dehors; c'est une sorte de fourneau dans lequel on fait un feu de charbon ou de bois, destiné à maintenir l'eau de la cuve à une certaine température.

Les *formes* sont les instruments avec lesquels on puise la pâte dans la cuve pour en former le papier; elles sont composées d'un cadre en bois dur, sur lequel est fortement tendue une toile en fil de laiton. La forme donne la grandeur du papier; la couverte ou *felsquette*, second cadre mobile qui s'adapte sur le premier, forme l'épaisseur de la feuille.

Les *flôtres* ou *feutres* sont des morceaux d'étoffe de laine que l'ouvrier étend sur chaque feuille de papier, et sur lesquels il renverse ses feuilles pour les détacher de la forme, ils servent aussi à boire une partie de l'eau surabondante dont la pâte se trouve encore surchargée.

11

Trois ouvriers sont indispensables pour le travail à la cuve. Ce sont : l'*ouvreur*, qui plonge la forme dans la cuve, la remplit de pâte, et fabrique ainsi le papier ; il la passe ensuite au *coucheur*, qui la reçoit chargée d'une feuille de papier, et l'applique sur les feutres ; enfin le *leveur* sépare les feuilles de papier des feutres et en forme des paquets.

Lorsque les pâtes dont on doit fabriquer le papier ont été convenablement mélangées et brassées, on en met dans la cuve la quantité nécessaire, que l'on délaye dans de l'eau très-pure ; la pâte doit être d'autant plus claire, que l'on veut obtenir d'un papier plus mince.

Si on livrait le papier tel qu'il sort de la cuve, il serait mou, sans consistance et impropre à recevoir l'encre à écrire ou l'encre d'imprimerie, qui passerait au travers en s'étalant ; ce serait, en un mot, du papier buvard. Pour obvier à cet inconvénient, on le colle, c'est-à-dire qu'on l'imprègne d'un enduit imperméable. Autrefois, l'opération du collage se faisait en dernier, après le séchage ; mais aujourd'hui il se fait à la cuve.

On emploie pour l'encollage du papier, soit la colle animale ou gélatine, soit la colle végétale ou savon de résine. En France on préfère cette dernière qui réussit parfaitement.

Ce savon résineux se compose de colophane, dissoute par le sel de soude ou la potasse à feu nu dans une chaudière. Quand la résine est complétement dissoute, on ajoute de la fécule de pommes de terre, pour donner au papier plus de fermeté, et l'on brasse avec soin pour opérer un mélange intime. La colle se mêle à la pâte en quantité nécessaire pour donner au papier, suivant la sorte, l'encollage convenable. Puis, quand la pâte en est bien imprégnée, on la précipite avec de l'alun. Le poids de l'alun doit être égal à celui de la colophane employée.

Avant l'invention du collage végétal, les bons fabricants apportaient un grand soin au collage animal. Ils employaient des rognures de peaux cuites à petit feu, et y ajoutaient 20 pour cent d'alun. Cet ancien procédé, beaucoup plus long, plus compliqué et plus dispendieux que le collage végétal, était cependant supérieur à ce dernier, et donnait aux papiers une fermeté, une résistance que n'ont pas ceux préparés à la colle végétale. Les Anglais seuls ont conservé la colle animale, parce que leurs papiers, fabriqués en grande partie avec des chiffons de coton, n'auraient pas assez de fermeté s'ils étaient préparés à la colle végétale. Les fabricants anglais abusent même souvent de ce collage, et la surface de leurs papiers est parfois tellement lisse et glacée, que la plume coule et que l'encre s'étale sans laisser aux déliés la finesse qu'ils doivent avoir.

La pâte donc bien préparée et bien encollée, le travail de la mise en feuilles commence.

Fig. 30. — Fabrication du papier à la cuve.

L'ouvreur, les bras nus jusqu'au coude, se place devant la cuve, prend la forme nécessaire à la confection du papier qu'il doit faire et applique dessus la frisquette qu'il presse avec ses pouces contre la forme. Il plonge le tout obliquement dans la cuve, en l'enfonçant de quelques pouces, et ramène la forme à l'état horizontal. Les filaments dont la pâte est formée sont extrêmement ténus et d'une certaine longueur ; ils nagent dans tous les sens dans l'eau dont la cuve est remplie. Lorsque l'ouvreur en a recueilli une certaine quantité sur sa forme, ces filaments s'entassent les uns sur les autres dans tous les sens, et s'arrangent régulièrement sur la verjure, à mesure que l'eau s'écoule, et que l'ouvrier favorise cet effet par de petites secousses en long et en large de la forme, et lorsqu'il est parvenu à se débarrasser totalement du liquide, il reste une étoffe transparente et solide qui offre par elle-même une consistance qu'augmente l'encollage. Ce travail est le plus délicat, et c'est des manipulations de l'ouvreur que dépendent l'homogénéité et l'égalité du papier.

Lorsque l'ouvreur juge la forme suffisamment égouttée, il ôte la frisquette et fait glisser sa forme sur un plan incliné vers le deuxième ouvrier ou *coucheur*. Celui-ci, qui a déjà étendu un feutre sur le trapan, planche à poignées posée sur la table, renverse la forme en l'appuyant par un des grands côtés, couche la feuille de papier sur le feutre et renvoie la forme vide à l'ouvreur, qui lui en pousse une seconde et ainsi de suite. Ces opérations se font très-promptement, et avec deux formes toujours en mouvement, l'ouvreur et le coucheur sont continuellement occupés. Aussitôt que la feuille de papier est couchée sur le feutre, l'ouvrier la recouvre d'un autre feutre de dimensions parfaitement égales.

Lorsque le trapan est chargé de toutes les feuilles de papier qui doivent composer un paquet ou une *porse*, comme on dit en terme d'atelier, les ouvriers de la cuve prennent le trapan par les poignées et le portent sous le banc de presse. On place sur la porse une autre planche sur laquelle on abaisse le banc de la presse en faisant tourner la vis, et l'on serre fortement à l'aide d'un cabestan, ce qui exprime l'eau de la porse et donne aux feuilles de papier une certaine consistance. On passe tout autour un racloir en bois pour enlever l'eau dont les bords sont pénétrés, puis on lâche la vis et on la fait remonter.

C'est alors qu'intervient le *leveur*, ou troisième ouvrier; son emploi consiste à détacher les feuilles de papier des feutres et à en former des paquets, en les appliquant les unes sur les autres. Cette opération est très-délicate, parce que le papier encore mou, se casse facilement. Il enlève les feuilles une à une avec le plus grandes précautions, et les place très-exactement les unes sur les autres; lorsqu'il en a formé un paquet de cinq cents feuilles, c'est-à-dire d'une rame, il la remet en presse.

Au sortir des mains des ouvriers de la cuve la feuille de papier n'est pas encore parvenue au degré de perfection voulue; elle conserve à sa surface une rudesse qui nuirait à l'écriture et à l'impression, et qui provient de ce que la pâte se dépose plus épaisse dans les intervalles laissés par les fils de laiton qui constituent le fond de la forme. Il est donc important de faire disparaître suffisamment ce grain. Pour faire cela, on remet le papier plusieurs fois en presse, en ayant soin, chaque fois, de reformer les paquets en levant les feuilles une à une pour les changer de place, de sorte que la première feuille du dessus se trouve la première dessous. Les feuilles sont ainsi en contact avec d'autres surfaces, contre lesquelles elles sont comprimées de nouveau par l'action de la presse. Ces deux opérations, le pressage et le relavage, constituent ce que l'on appelle l'*échange*, et se réitèrent trois ou quatre fois.

Après l'opération de l'échange et du pressage qui a débarrassé le papier de l'excès d'eau qu'il contenait, l'ouvrier le porte sur le trapan à l'étendoir. L'étendoir est une vaste salle en carré long, percée tout autour de fenêtres fermées par des jalousies à feuillets mobiles, que l'on ouvre plus ou moins, de manière à pouvoir ménager la chaleur et l'évaporation.

Des poteaux verticaux sont élevés à la distance d'environ deux mètres l'un de l'autre, reliés entre eux par des traverses horizontales, auxquelles sont fixées des cordes convenablement espacées.

L'ouvrier prend plusieurs feuilles à la fois sur un instrument de bois en forme de T, qu'on nomme *ferlet*, et les met à cheval sur deux cordes; allant ainsi de proche en proche, il garnit un certain nombre de cordeaux. Lorsque les feuilles sont suffisamment sèches, elles sont enlevées au ferlet et portées à la salle d'apprêt.

Mais avant de les y suivre, rendons-nous d'abord dans l'atelier des machines où se fabrique le papier mécanique.

Aujourd'hui, l'emploi des machines pour la fabrication du papier est devenu général. C'est au commencement de ce siècle que furent faits à Essonnes, dans la papeterie de François Didot, les premiers essais de la machine à papier continu inventée par Louis Robert, un de ses ouvriers, qui prit un brevet en 1800.

Cette machine fut d'abord construite et fonctionna en Angleterre, d'où elle fut rapportée en France en 1811. Elle y devint l'objet des études de nos meilleurs constructeurs qui l'ont amenée, de perfectionnements en perfectionnements, au point où nous la voyons aujourd'hui.

Cette machine est très-compliquée ; c'est une suite de toiles

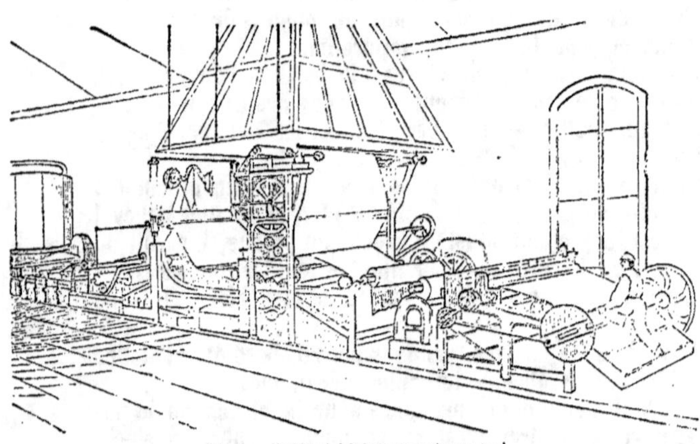

Fig. 31 — Machine à fabriquer le papier continu.

métalliques, de rouages, de cylindres qui occupe parfois plus de cinquante mètres de longueur. Je vais vous donner une idée de son fonctionnement le plus clairement qu'il me sera possible.

D'une grande cuve ou réservoir placé en tête de la machine, coule par un robinet dans une autre cuve, un courant de pâte qui ressemble à un ruisseau de lait. De cette seconde cuve, dans laquelle tourne un agitateur, la pâte se répand en nappe régulière dans un chéneau, auquel une roue dentée imprime un mouvement de va-et-vient et qui la distribue avec une régularité parfaite sur une toile métallique sans fin, dont la partie supérieure présente une surface plane. Cette toile, qui remplace la forme du travail à la main, se meut graduellement et entraîne successivement la pâte qui y est répandue; elle a, comme le chéneau, un léger mouvement d'oscillation horizontal qui facilite l'écoulement de l'eau et feutre les filaments. La pâte ne peut pas s'écouler par les bords de la toile métallique, parce que deux lanières de cuir règlent la largeur de la feuille. Si on touche la pâte au commencement du plan où elle est reçue, on la trouve fluide; à son autre extrémité elle a déjà la solidité du papier mouillé. Avant de quitter la toile métallique sur lequel le papier s'est formé, un cylindre garni d'étoffe lui fait subir une pression, il est reçu de là sur une pièce d'étoffe destinée à en absorber l'humidité et qui, comme la toile métallique, s'enroule sur deux cylindres pour former une nouvelle toile sans fin, dont la surface supérieure forme un plan incliné. Il est ensuite saisi entre deux rouleaux garnis d'étoffe qui le pressent fortement, et passe sur un nouveau plan au sortir duquel il est encore comprimé entre deux nouveaux rouleaux également garnis d'étoffe. C'est alors qu'il entre dans la région de la chaleur. En cet endroit, il est tout à fait formé, mais encore fragile et humide.

Reçu sur un petit cylindre, il est dirigé par lui sur la surface polie d'un gros cylindre échauffé par la vapeur, là il commence à fumer, mais la chaleur est proportionnée à sa consistance toujours croissante. Du premier cylindre, il s'enroule sur un second d'un diamètre plus grand, et qui est beaucoup plus chaud. A mesure qu'il passe sur cette surface polie, on voit disparaître ses irrégularités. Enfin, après avoir tourné sur un troisième cylindre encore plus chaud, et avoir subi la pression d'un rouleau supérieur, un dernier rouleau le dirige sur un dernier cylindre où il se trouve terminé et enroulé.

L'on a donc un immense rouleau de papier dont la longueur n'est limitée que par la volonté du fabricant. Il faut le découper pour avoir des feuilles propres aux divers usages auxquels on le destine.

Par ce procédé mécanique, deux minutes suffisent pour rendre le papier parfait à partir du moment où la pâte s'écoule sur la toile métallique. Celle-ci doit marcher d'autant plus vite que l'on veut obtenir du papier plus fin ; elle fournit quinze à vingt mètres de longueur de papier fin par minute, et seulement six à dix mètres de papier épais.

Les papiers fabriqués et coupés sont immédiatement transportés dans la salle d'apprêt, appelée atelier de lissage, où ils doivent recevoir la dernière façon. On visite d'abord les feuilles une à une pour rejeter celles qui sont défectueuses, puis on les met en presse par gros paquets. Le papier est ensuite lissé, satiné ou glacé suivant l'usage auquel on le destine. Les papiers d'impression sont simplement lissés ou satinés, on glace ceux destinés à l'écriture. On lisse le papier en le faisant passer au laminoir entre deux feuilles de carton ; cette opération en fait disparaître les rugosités ; on le satine en le faisant passer un plus grand nombre de fois au laminoir, ce qui le rend de plus en plus doux et uni. Le glaçage s'opère entre des feuilles de cuivre poli et rend le papier glissant, brillant, et d'une grande transparence. Quand toutes ces opérations sont terminées, le papier est mis en mains de vingt-cinq feuilles, et en rames de vingt mains, rogné ou non rogné ; on l'empaquette avec soin, après l'avoir de nouveau mis en presse pour livrer au commerce.

La fabrication du papier est aujourd'hui florissante dans presque tous les pays civilisés. En France, les papeteries les plus importantes sont celles d'Annonay, dans l'Ardèche, de Rambervilliers et de Souche dans les Vosges, d'Angoulême dans la Charente, du Marais, dans Seine-et-Marne, d'Essonnes, dans Seine-et-Oise, d'Ambert et de Thiers, dans le Puy-de-Dôme, de Rives, dans l'Isère, du Mesnil dans l'Eure, etc.

En France, la fabrication dépasse aujourd'hui cent millions de kilogrammes de papiers de toutes sortes ; un kilo de papier donnant en moyenne vingt mètres de développement sur un mètre de largeur, sa production annuelle représente un rouleau de deux millions de kilomètres, c'est-à-dire suffisant pour entourer cinquante fois la terre. La moyenne du prix du papier à impri-

Fig. 33. — L'atelier de lissage.

mer ou à écrire est d'environ 1 fr. 10 le kilogramme; celle des papiers d'emballage et de pliage n'est que de 40 centimes. Pour la fabrication de ces derniers papiers tout sert : le vieux papier à chandelles, les déchets de coton, de lin, les cartons, les toiles d'emballage en sparte, les billets de chemins de fer, le tout déchiqueté, mêlé avec des résidus de toute espèce, ce qui en explique le bas prix.

La production et la consommation du papier augmentent de jour en jour; elles ont plus que doublé depuis dix ans, et il devient de plus en plus difficile de se procurer en quantité suffisante la matière première, les chiffons de fil et de coton. Depuis plusieurs années déjà les fabricants de papier alarmés de la crise qui menaçait leur industrie ont recherché les moyens de remplacer le chiffon par quelque substance commune et à bas prix.

Toute plante contenant de la cellulose, est en réalité propre à être transformée en pâte de papier ; mais il ne faut pas perdre de vue qu'il ne suffit pas au fabricant de pouvoir convertir une matière quelconque en papier, il doit encore s'assurer, non-seulement que ces matières seront aussi abondantes et aussi bon marché, mais encore que les manipulations indispensables pour amener ces substances au point d'en former le papier, seront aussi faciles que celles employées jusqu'à ce jour, et que le papier qui en résultera sera aussi beau et d'aussi bon usage.

Comme nous l'avons dit, les moyens mécaniques et chimiques dont dispose aujourd'hui l'industrie, permettent d'employer à la fabrication du papier des substances autrefois méprisées ; mais il faut bien le dire, si le papier est devenu beaucoup plus facile à produire, et d'un prix incomparablement moins élevé, sa solidité et sa durée ont bien diminué. Les premiers papiers fabriqués en France et en Hollande étaient faits d'excellents chiffons de toile non blanchie ni lessivée par les procédés chimiques qui énervent la fibre; aussi ces papiers fabriqués à la main et encollés avec soin, ont conservé jusqu'à nos jours leurs qualités primitives. Les ouvrages de Guttenberg, des Alde, des Estienne, des Elzéviers survivront longtemps aux plus belles publications de notre époque. Aujourd'hui l'on sacrifie la solidité à la belle apparence. Les papiers contenant une forte proportion de coton, attaqués déjà par le chlore et l'acide sulfureux employés pour le blanchiment, souvent surchargés de matières minérales, telles que la baryte et le kaolin, destinées à en augmenter le poids et la blancheur, se piquent, jaunissent, et finissent par se détruire, surtout s'ils sont exposés à l'humidité. De nos jours, les publications semblent destinées à naître et à périr avec la même rapidité, et nos plus beaux livres, édités avec tant de luxe, ne passeront pas certainement aux générations futures.

Depuis longtemps l'on a fait des essais pour fabriquer du papier avec toutes substances végétales. Dès l'année 1772, un savant allemand, Ch. Schœffer, publiait à Ratisbonne sur le résultat de ses essais, un ouvrage qui contient quatre-vingt-un échantillons de papier fabriqué avec de la paille, de l'herbe, des mousses, des copeaux de hêtre, de peuplier, de saule, des tiges de houblon, de vigne, de chanvre, d'ortie, de mauve, et même avec des feuilles et des trognons de choux. Le maïs, le foin, la pulpe de betterave, le résidu des fécules ont été employés dans ce but. On a même fabriqué du papier d'emballage avec du crotin de cheval.

On a pu voir à l'Exposition universelle de 1867, de nombreux spécimens de pâtes à papier obtenues de bois de différentes essences. Cette fabrication paraît constituer aujourd'hui une industrie sérieuse, et un certain nombre d'usines préparent ainsi chaque jour en France et à l'étranger plusieurs milliers de kilogrammes de pâte à papier blanche. Dans ces végétaux, la cellulose à l'état fibreux, qui constitue la matière organique de la pâte à papier, se trouve associée à des matières incrustantes secrétées dans l'intérieur des fibres ligneuses sous l'influence de la végétation et qui modifient la couleur et la dureté des tissus. Avant de pouvoir substituer ces fibres végétales aux chiffons, il faut les soumettre à un traitement assez énergique pour les amener à un état de pureté analogue à celui que présentent les toiles de chanvre, de lin et de coton. On y est parvenu ; mais la matière soumise à ces épurations vigoureuses ne peut entrer dans la composition des pâtes que lorsque le poids en a été réduit au quart ou au cinquième ; le reste représentant la portion des substances organiques ou minérales qu'il a fallu éliminer. Les débris de tissus, ayant déjà subi dans l'usage domestique de nombreuses lessives, donnent au contraire en pâte à papier pesée sèche, 70 à 80 pour 100 du poids de chiffons employés.

La méthode le plus généralement employée pour extraire la cellulose fibreuse des végétaux ligneux, consiste à traiter plusieurs fois ces substances à chaud par de fortes solutions de soude ou de potasse, puis par le chlore. On termine le traitement des fibres, débarrassées d'incrustations ligneuses, par un blanchiment à la solution d'hypochlorite de chaux, et d'abondants lavages à l'eau aussi pure que possible. La cellulose se présente alors sous forme d'une galette qu'on livre au commerce comme matière première pour entrer dans la composition du papier

Les opérations se simplifient quand il s'agit de séparer des substances étrangères qui y sont mêlées les fibrilles feutrables des tiges des graminées, des pailles ou des spartes ; seulement la matière première est ici plus chère que quand on opère sur le bois. Les pâtes à papier obtenues de cette façon ne coûtent guère que la moitié ou les deux tiers du prix des pâtes de chiffons ; mais pour faire du bon papier, il faut toujours y mélanger au moins 30 pour 100 de ces dernières.

La fabrique de Char, près Granville, a même produit des pâtes à papier de varech et de zostère, qui peuvent faire concurrence à celles de bois.

CHAPITRE XV

Comme toutes les ébauches des arts dans leur enfance, les premières productions de l'imprimerie ont été nécessairement imparfaites. Les caractères gothiques dont on se servit d'abord étaient anguleux et peu corrects ; ce ne fut qu'après l'invention des poinçons d'acier qu'on arrondit les lettres. La composition était irrégulière, le tirage pâle et inégal. Tous les livres étaient in-folio ou in-quarto ; ils ne portaient ni titres courants, ni pagination. Les majuscules qui commençaient les divisions de l'ouvrage, étaient entourées d'ornements ou de sujets, et, le plus souvent, on imprimait la majuscule avec un vide tout autour pour laisser au dessinateur le soin de tracer et de colorier son entourage.

La presse dont on se servit encore longtemps après Guttenberg n'était autre que l'antique pressoir destiné aux vendanges et adapté aux besoins de l'impression. C'est cependant de cette presse qui, pendant près de quatre siècles a seule été en usage, que sont sortis les célèbres produits des Estienne et des Elzévier. Et, bien que largement modifiées, les presses manuelles qui l'ont remplacée, ont conservé son mécanisme primitif. Il y a soixante ans à peine que les presses mécaniques sont venues remplacer l'antique presse à bras, et délivrer l'impression de tout ce qu'elle avait autrefois de pénible ou de repoussant : la fatigue des bras pour tirer le barreau de la presse et distribuer l'encre sur les tampons, le dégoût de la préparation et de la manutention des tampons ou balles de laine recouvertes de peau de chien. Mais suivons pas à pas la série d'opérations qui constituent l'impression d'un livre.

La première de ces opérations est la gravure du poinçon. Le

travail du graveur est sans contredit celui dont l'exécution requiert un talent plus spécial; c'est une œuvre d'artiste. Il commence par faire les poinçons, petites tiges d'acier à l'extrémité lesquelles il grave une lettre en relief. Il faut naturellement autant de tiges qu'il y a de lettres, de chiffres, de signes de ponctuation, etc., et autant de collections de poinçons qu'il y a de formes de lettres, depuis les capitales grandes et petites, jusqu'aux plus petites lettres qu'on puisse employer. Une fois les poinçons terminés, et après qu'il les a passés au calibre pour en vérifier l'égalité de grandeur, qu'il en a tiré des épreuves et qu'il a retouché ceux qui laissent à désirer, le graveur donne au poinçon la trempe nécessaire, afin de frapper les matrices. Ce sont de petites pièces de cuivre dans lesquelles il faut entrer le poinçon en le frappant à coups de marteau; de cette manière, chaque fragment de cuivre offre en creux la lettre ou le signe du poinçon. Après la frappe des matrices, il procède à leur justification, c'est-à-dire qu'il les équarrit et égalise leur profondeur à la lime, puis il les livre au fondeur.

Le fondeur débute par placer chaque matrice dans un moule en fer garni d'un manche de bois qui sert à le tenir, puis il procède à la fonte des caractères. D'abord il prépare avec soin l'alliage dont il doit former ses caractères; trop mou, il s'écraserait sous la presse, trop aigre, les déliés des lettres se briseraient. La proportion généralement employée est trente parties de régule d'antimoine pour soixante-dix de plomb, auxquelles on ajoute 5 pour 100 de cuivre et d'étain, ce qui en augmente beaucoup la durée.

Sur un feu vif et brillant déjà la matière bouillonne. Le fondeur s'approche du bassin qui la renferme, d'une main tenant son moule, et de l'autre une cuillère avec laquelle il puise le métal en fusion dont il remplit son moule. Après lui avoir donné une légère secousse, afin d'en chasser l'air, il en retire presque aussitôt une petite lame portant en saillie à son extrémité la lettre qui était en creux dans la matrice. Il rompt avec le doigt le superflu de la fonte qui en coulant s'est attaché à la lettre, il la frotte sur une pierre pour faire disparaître les barbes qui adhèrent aux angles des caractères, puis, lorsque ceux-ci sont en quantité suffisante, il les range sur des composteurs où, serrés fortement par une vis, le rabot achève de leur donner à toutes une égalité parfaite. Lorsqu'elles ont reçu ces dernières façons, qu'elles sont bien brillantes et polies, le fondeur les empaquette par sortes de caractères.

Arrivés à l'imprimerie, on répartit les caractères dans la *casse*, sorte de casier divisé en nombreux compartiments appelés *cassetins*. Ces compartiments renferment, rangés dans un certain ordre, toutes les lettres et les signes employés en typographie. Outre les lettres, les chiffres, les signes de ponctuation, il y a les *espaces*, les interlignes et les cadrats. — Les *espaces* sont des lames de fonte plus ou moins minces qui servent à séparer les mots entre eux. Les *interlignes* sont d'autres lames plus longues que les précédentes, que l'on emploie pour augmenter plus ou moins l'écartement des lignes entre elles. On donne enfin le nom de *cadrats* à des pièces de fonte qui servent à compléter les lignes où la lettre ne remplit pas la justification, en un mot, à remplir les vides de toute espèce qui peuvent se trouver dans la page. Les espaces, les interlignes, les cadrats servant à remplir les blancs, sont nécessairement moins hauts que les caractères, puisqu'ils ne doivent pas laisser de trace sur le papier.

Lorsque l'arrangement des caractères dans la casse est terminé, le rôle du compositeur commence. Il se tient debout devant sa casse, et tire de chaque cassetin la lettre propre à rendre ce qu'il lit sur le manuscrit qu'il a sous les yeux. Dans sa main gauche il tient le *composteur* ; c'est une petite lame de fer dont le bord est relevé en équerre sur toute sa longueur : d'un bout il est fermé à demeure par un petit pan carré ; de l'autre on introduit une clavette à coulisse qui porte un pan parallèle au premier. On fixe cette clavette au moyen d'une vis au point où l'on veut déterminer la longueur des lignes ou la *justification*. Ce mot indique le nombre d'*n*, lettre prise en France pour moyenne, que doit contenir chaque ligne.

Debout devant sa casse, le compositeur prend donc de la main droite chaque lettre de chaque mot dans son cassetin, et la place à mesure sur son composteur, en ayant soin, lorsqu'il a formé un mot, de le séparer du mot suivant par une *espace*. Arrivé au bout de la ligne, il la serre convenablement et passe à la suivante, en posant sous la première une ou deux interlignes. Quand il a composé ainsi six à huit lignes, le composteur est plein. L'ouvrier en saisit alors le contenu avec les doigts des deux mains, et le pose sur une pièce de bois à rebords qu'on appelle *galée*. Lorsque la planche est entièrement composée, elle passe entre les

mains du *metteur en pages*, ouvrier spécial qui compte le nombre
de lignes que doit porter la page, puis les sépare du reste de la

Fig. 33. — Compositeurs d'imprimerie.

masse, et les liant d'un double tour de ficelle, en fait autant de
paquets qu'il en faut pour faire une feuille, c'est-à-dire seize
pour le format in-octavo, vingt-quatre pour le format in-
douze, etc. Il place ensuite ces paquets dans un châssis de fer appelé *forme*, dans lequel il sépare convenablement les pages par
des lames de bois ou de plomb, et dans lequel il les maintient en
les serrant au moyen de coins et de réglettes, après les avoir im-
posées et y avoir ajouté leurs folios, titre courant, et autres parties qui en font des pages régulières. *Imposer*, c'est placer les
pages dans un ordre tel que la feuille de papier étant imprimée
et pliée, ces pages se suivent dans leur ordre numérique naturel,
ce qui demande une certaine habitude et beaucoup d'attention.
Pour toute feuille, quel qu'en soit le nombre de pages, on fait
deux formes, une pour chacun de ses côtés.

Les pages mises en forme, bien ajustées et serrées avec des
coins, de façon à ce que rien ne bouge, on en tire d'abord une
première épreuve, destinée au correcteur de l'imprimerie. Celui-
ci indique en marge, avec la plume, les fautes typographiques,
le compositeur les corrige sur sa forme au moyen de petites pin-
ces avec lesquelles il enlève les lettres défectueuses, puis on en

tire une seconde épreuve corrigée, qui est envoyée à l'auteur, afin que celui-ci indique, à son tour, les corrections ou les modifications qu'il veut apporter au texte. Lorsque la feuille est corrigée et que l'auteur a donné son *bon à tirer* au bas d'une épreuve, on donne la dernière main aux formes et on les porte aux ateliers d'impression. Elles sont alors ajustées sur la table de la presse, encrées et essayées. Tout va bien, et l'on procède au tirage, soit à la presse à bras soit à la presse mécanique.

Avant de mettre le papier sous presse, il est nécessaire de le tremper, car il doit toujours avoir un certain degré d'humidité pour bien recevoir l'impression. Voici comment on procède : on prend une poignée de quelques feuilles, une demi-main environ, on l'étale sur une planche, et avec un petit balai de bouleau que l'on trempe dans l'eau, on asperge le papier. On met une seconde poignée sur la première, on l'asperge de même, et ainsi de suite jusqu'à ce que tout le papier qui doit servir au tirage de la feuille, soit trempé; puis on le met en presse pour que le papier s'imbibe bien également, et on laisse en cet état pendant quelques heures. De cette manière, l'eau se répartit dans la masse, de sorte que chaque feuille est à peine humide. L'ouvrier le porte alors sur son banc.

Il y a soixante ans, on ne connaissait qu'une seule espèce de presse, celle qui, à quelques modifications près, était en usage dans l'imprimerie depuis son invention. Quelques pièces supprimées ou simplifiées, les cordes remplacées par des crémaillères en fer, le bois remplacé par la fonte, tels étaient les changements qu'elle avait subis. Dans les premières années de notre siècle, on exécuta en Angleterre une presse toute en fonte qui, bien que presque entièrement semblable aux anciennes, quant à son système mécanique, offrait dans le jeu de ses pièces ce parallélisme rigoureux duquel dépend la régularité du tirage. Cette invention à laquelle lord Stanhope a attaché son nom, excita en France et en Angleterre l'émulation des mécaniciens, et en peu d'années l'imprimerie a presque entièrement renouvelé cette partie de son matériel.

La presse à bras ou presse Stanhope est habituellement manœuvrée par deux ouvriers : l'un encre la forme avec un rouleau de gélatine qu'il passe deux ou trois fois sur toute la surface, pour charger l'œil de la lettre de l'encre nécessaire à l'impression ; l'autre ouvrier pose bien exactement sur la forme une

feuille de papier blanc, après avoir abaissé la frisquette destinée
à garantir les blancs de la feuille de tout barbouillage, et donne

Fig. 34. — La presse à la Stanhope.

le coup de presse. A l'instant sort une feuille, copie fidèle de
tous les caractères dont la forme est composée. Quand le nombre des feuilles que l'on doit imprimer est complétement tiré
d'un côté, on lève la forme et l'on ajuste à sa place celle qui fait
le revers, et pour que les pages se répondent exactement lorsqu'on imprime en retiration, le papier est fixé dans les pointur
de la presse par les mêmes trous qu'elles avaient faits d'abord.

Quand la forme a terminé son tirage, on la plonge dans un ba-
quet rempli de lessive, et on la débarrasse de son encre en la
frottant avec une brosse. Retirée alors de l'eau, on l'envoie chez
le clicheur s'il en doit prendre l'empreinte, ou le compositeur,
en desserrant les coins, lève les lettres par pincées et les distribue chacune dans son casselin.

Les presses mécaniques ont aujourd'hui remplacé les presses
à bras dans les grands établissements ; mais ces dernières forment encore le fond des moyens de tirage dans un grand nombre de petites imprimeries, et quels que soient les avantages des
mécaniques, sous le rapport de la régularité des mouvements et
de la rapidité du tirage, la presse manuelle conserve encore le
privilége des impressions hors ligne.

La première idée de la presse mécanique paraît appartenir à l'américain William Nickolson, éditeur du *Journal philosophique*, qui prit un brevet en 1790; mais la première machine qui ait fonctionné avec succès fut construite en 1814, par les mécaniciens allemands, Kœnig et Bauër, pour le journal anglais le *Times*. Dans son numéro du 14 novembre 1814, les éditeurs de ce journal annoncent à ses lecteurs qu'ils lisent, pour la première fois, un journal imprimé par une machine à vapeur.

Fig. 35. — Presse mécanique dite presse universelle.

Dans cette machine, la plus communément adoptée, la forme ou châssis, contenant les caractères, passe horizontalement par un mouvement de va-et-vient sous le cylindre d'impression sur lequel la feuille de papier est enroulée et retenue par des cordons. L'encre, renfermée dans une boîte cylindrique, placée au sommet, se répand régulièrement sur deux rouleaux qui la communiquent à une série d'autres rouleaux qui l'appliquent sur les caractères. Plus tard, en vue d'imprimer à la fois les deux côtés de la feuille, Kœnig doubla sa presse, en établissant, à l'aide de cordons, une communication entre les deux cylindres. L'idée était fort ingénieuse, mais offrait de grandes difficultés pour arriver à donner à la retiration toute la précision qu'on obtient avec les pointures sur la presse manuelle, ou même sur la mécanique simple. La feuille, conduite par les rubans, était portée d'un cylindre à l'autre, en parcourant le chemin que représente assez exactement la forme de la lettre S couchée horizontalement ∽. Pendant sa course sur les cylindres, la feuille recevait, sous le premier cylindre, l'impression d'un côté et, sous le second cylindre, elle recevait l'impression sur le deuxième côté; mais ce second côté de la feuille ne tombait pas exactement en registre. Après des essais répétés et longtemps infructueux, on arriva, par l'interposition de deux tambours en bois dans l'intervalle des deux cylindres d'impression, à obtenir une telle précision, que la feuille va s'appliquer sur le contour du second cylindre, juste au même point où se trouvent imprimés du côté opposé les caractères de la première forme; après quoi elle vient se déposer sur une table placée entre les deux cylindres, où un enfant la reçoit et l'empile.

Si la presse a pour moteur le bras de l'homme, celui-ci communique le mouvement par une manivelle et un volant; si elle est mue par une machine à vapeur, le mouvement est transmis par la machine à un arbre de couche, sur lequel est fixée une poulie, correspondant, à l'aide d'une courroie, à la poulie de commande qui fait marcher la presse. Le mouvement général est donné par un arbre qui est en rapport immédiat avec le moteur. A cet arbre est adapté un pignon qui transmet le mouvement à deux grandes roues dentées, dont le centre correspondant à l'axe des cylindres les met en marche. L'arbre, se prolongeant sous le bâtis de la presse, c'est-à-dire sous la partie qui comprend les tables, se termine par un pignon d'angle qui engrène successivement toutes les dents d'une cremaillère horizontale. Cette crémaillère, allant alternativement du côté gauche au côté droit du bâtis, fait passer et repasser les tables d'impression sous les cylindres et en même temps les tables de distribution et les rouleaux encreurs. Telles sont, dans leur ensemble, la construction et la marche de la presse mécanique ordinaire. Avec cette presse, on peut tirer en moyenne de deux mille à deux mille cinq cents feuilles à l'heure.

L'ingénieur anglais Applegath perfectionna cette presse qui imprima le journal le *Times* à dix mille exemplaires par heure.

Mais bientôt ces résultats mêmes devinrent insuffisants, et l'on eut recours à d'autres combinaisons ; au lieu de chercher à augmenter une rapidité qu'il était difficile sinon impossible de dépasser, on pensa à multiplier le nombre des compositions, au moyen du clichage, et l'on plaça les types sur une surface cylindrique.

Richard Hoé, habile mécanicien américain, construisit, pour le journal le *Sun* de New-York, une énorme presse, qui pouvait tirer jusqu'à vingt mille feuilles à l'heure. Il n'obtenait, il est vrai, ce résultat qu'en employant huit cylindres et un nombre considérable de rouleaux et d'engrenages. Cette presse coûta cent vingt mille francs au *Sun*.

Dans cette ingénieuse machine, comme dans celle de Cowper, les formes sont courbées et appliquées au cylindre central, dont le contour est ainsi recouvert par la composition fixée au moyen de boulons. Autour du cylindre central sont placés huit cylindres, mettant chacun une feuille de papier en contact avec le cylindre central, qui les imprime toutes successivement en faisant sa révolution. Par cette disposition, il n'y a aucune interruption dans la continuité du mouvement.

Dans ces derniers temps, de nouveaux perfectionnements ont été introduits dans la construction des presses typographiques. L'une des plus récentes, et qui paraît offrir les plus grands avantages, aussi bien sous le rapport de la rapidité du tirage que sous celui de l'économie du travail, est la nouvelle presse mécanique à grande vitesse, inventée par un habile mécanicien français, M. Hippolyte Marinoni. Cette presse, qui fonctionne dans les ateliers du *Petit Journal*, produit facilement par heure trente mille exemplaires.

Pour imprimer sur cette machine, on se sert de clichés cylindriques adaptés instantanément sur les cylindres au moyen de griffes à vis. — De nos jours, à l'aide de procédés perfectionnés, on parvient à produire des clichés avec une telle rapidité, qu'on peut imprimer simultanément six, huit, dix compositions clichées obtenues une demi-heure après que la composition type est sortie des mains de l'ouvrier. Cette multiplication rapide est devenue nécessaire pour les journaux du soir, qui doivent être composés et tirés en quelques heures à des nombres considérables.

La nouvelle presse Marinoni offre sur ses devancières plusieurs avantages sérieux : elle fait la rétiration, c'est-à-dire que la feuille, margée une seule fois, sort de la machine imprimée des deux côtés; pour l'alimenter, il ne faut que six ouvriers margeurs et un conducteur; enfin, elle ne coûte que quarante mille francs. L'énorme machine de Hoé n'imprime qu'en blanc, c'est-à-dire d'un seul côté à la fois; elle exige pour son service dix-sept personnes, et elle coûte cent vingt mille francs. Cette invention place donc la mécanique typographique française à la tête des industries similaires du monde entier.

Cependant, si l'on en croit le *Times*, ce ne serait pas encore là le dernier mot. — « On vient, dit le journal anglais, d'essayer dans nos ateliers une nouvelle presse qui dépasse tout ce qu'on

Fig. 36. — Nouvelle presse mécanique à grande vitesse,
système Marinoni.

a inventé jusqu'à ce jour. Le papier destiné à l'impression est placé, sans solution de continuité, sur un rouleau qui le fournit au fur et à mesure des besoins. La machine peut imprimer quarante-six mille feuillets, soit vingt-trois mille numéros complets en une heure. C'est le chiffre le plus élevé qu'on ait jamais obtenu. La même machine coupe le papier, le plie et le livre avec son numéro d'ordre. »

Notons ici que le *Times*, ainsi que chacun peut le voir, est juste huit fois aussi grand que le *Petit Journal*.

Disons, pour terminer, quelques mots sur la *stéréotypie* ou clichage, procédé qui consiste à rendre solide et à convertir en un seul bloc de fonte une page composée en caractères mobiles. Son but est d'éviter la conservation des formes, ce qui nécessiterait un matériel très-considérable, ou de nouveaux frais de composition d'un ouvrage dont la réimpression est probable.

Deux procédés sont employés dans ce but : le clichage au plâtre et le clichage au papier.

Dans le premier, après avoir placé la forme dans un châssis de fer et l'avoir légèrement enduite d'un corps gras, on étend dessus, avec un pinceau, une bouillie bien claire de plâtre fin que l'on fait entrer à petits coups dans les interstices des caractères ; sur cette première couche on en étend une autre de l'épaisseur voulue. Quand le plâtre est durci, on l'enlève de dessus la forme dont il se détache facilement, grâce à l'enduit graisseux préalablement étendu sur la forme, et l'on a ainsi un moule ou *contre-épreuve*, présentant en creux tous les caractères de la composition.

Lorsque ce moule est sec, on le renferme dans une boîte métallique, percée en dessus de trous, et on le plonge dans une chaudière remplie d'un alliage de plomb et d'antimoine en fusion. Le métal liquide entre par les trous dans la boîte et remplit tous les creux du plâtre. Quand il est refroidi, on a une planche en relief qui est la reproduction exacte de la forme en caractères mobiles, et l'on n'a plus qu'à la débarrasser du plâtre, à l'ébarber et à lui donner la dernière main.

Le clichage au papier se pratique en appliquant sur la forme une feuille de papier fin, couverte d'une légère couche de céruse pour la rendre incombustible ; puis, avec une brosse à longs crins, on frappe sur cette feuille afin de lui faire prendre la forme de toutes les lettres. On applique ensuite dessus une deuxième feuille que l'on traite comme la première, puis encore cinq ou six autres, de manière à former une espèce de carton. Quand toutes ces feuilles sont bien battues on les recouvre avec une dernière feuille plus forte, et on met la forme en presse en l'exposant à une forte chaleur, et on la laisse ainsi sécher. Lorsqu'elle est bien sèche, on a une empreinte en creux semblable à celle que l'on obtient avec le plâtre. On place cette empreinte dans une boîte en fonte, et le reste de l'opération se pratique comme pour le clichage au plâtre. Le clichage au papier est plus facile que le moulage en plâtre, mais le cliché qu'on en retire est moins parfait.

Lorsque toutes les feuilles qui doivent former le volume ont été tirées, on les fait sécher; puis on les porte chez le brocheur. Celui-ci commence par les ranger sur une table longue, suivant leur signature, — on nomme ainsi la lettre ou le numéro d'ordre qui se trouve au bas de la première page de chaque feuille, — puis il procède à l'*assemblage*. Cette opération consiste à lever une feuille sur chacune de ces formes, de sorte que la feuille marquée A ou 1 se trouve sur la feuille B ou 2, ces deux-ci sur la feuille C ou 3, et ainsi de suite, jusqu'à la fin du volume. Il vérifie ensuite la pile, en levant avec une aiguille le coin de chaque feuille du côté de la signature, et regarde s'il n'y en a pas en double ou s'il n'en manque pas : cela s'appelle *collationner*. Il sépare ensuite par paquets toutes les feuilles qui complètent un volume, et les plie suivant leur format et leur mise en page. Après avoir vérifié de nouveau si les signatures se suivent bien, on les livre à la brocheuse qui coud toutes les feuilles du volume ensemble, en ayant soin de garnir d'une garde ou feuillet blanc la première et la dernière page du volume. Cette opération terminée, on passe avec un pinceau de la colle de farine sur le dos du volume ; ensuite on encolle de la même pâte la couverture et, posant le dos à plat sur le milieu de la feuille encollée, on relève les deux côtés de la couverture sur les gardes, et on laisse sécher à l'air libre sans le mettre à la presse. On passe de même à un second volume, qu'on place sur le premier lorsqu'il est terminé, et ainsi de suite ; cette légère pression suffit pour empêcher les couvertures de se déformer pendant la dessication. Lorsque le volume est sec, la brocheuse ébarbe avec de grands ciseaux les bords des feuilles qui dépassent, et le livre est prêt à être mis en vente.

Ici, lecteur, se termine ma tâche.

Est-ce à dire que nous avons rapporté tout ce qu'il y avait à dire sur le papier et ses divers usages? Non, sans doute; et il nous aurait fallu, pour épuiser la matière, ajouter encore de nombreux chapitres à notre livre, ce que ne nous permettait pas les bornes de cet ouvrage. Il nous aurait fallu parler encore de la fabrication des papiers peints, de la gravure au burin et à l'eau-forte, de l'imprimerie en taille douce, de la lithographie, de la lithochromie, de la photographie et de bien d'autres arts, qui multiplient chaque jour dans une progression incalculable les produits de l'esprit humain. Si la population du globe a doublé, si elle a triplé depuis le temps où l'homme écrivait sur le papyrus ou le parchemin, les moyens d'éclairer l'intelligence et de divulguer des notions utiles se sont augmentés dans une proportion plus rapide encore. Pour ramener tous ces progrès à une formule bien simple, il nous suffira de dire, avec un grand industriel, que l'on peut juger d'une manière presque infaillible du degré de civilisation auquel une nation est parvenue en consultant la quantité de papier qu'elle fabrique et qu'elle consomme.

FIN.

TABLE DES MATIÈRES

PREMIÈRE PARTIE

DU PAPIER OU DES SUBSTANCES QUI EN TENAIENT LIEU CHEZ LES ANCIENS

DEUXIÈME PARTIE

DÉCOUVERTE DE L'IMPRIMERIE

TROISIÈME PARTIE

LA PAPETERIE ET L'IMPRIMERIE MODERNES

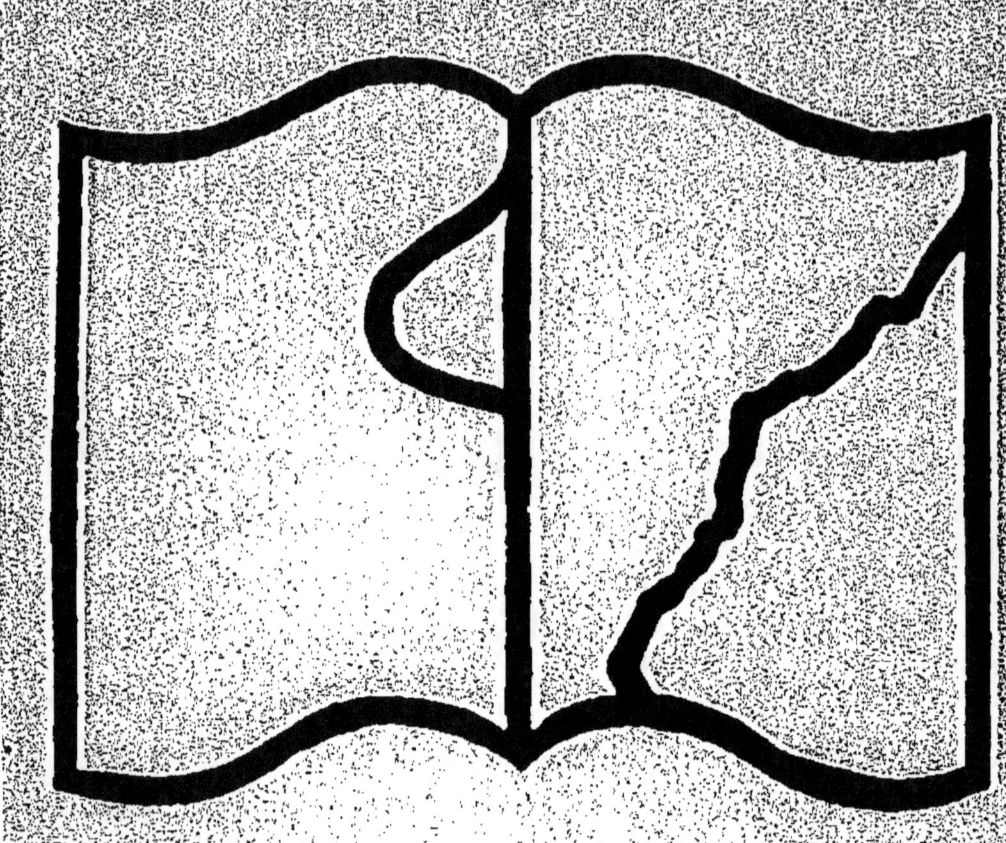

Texte détérioré — reliure défectueuse

NF Z 43-120-11